»Fupp do kütt se öm de Eck!«

Mit freundlicher Unterstützung des Kölnischen Stadtmuseums

Die Deutsche Bibliothek – CIP-Einheitsaufnahme
»Fupp do kütt se öm de Eck!« : mit der Elektrischen durch das Köln
der Jahrhundertwende / Rudolf Schmidt. Mit einem Beitrag von
Jürgen Hocker und einem Vorwort von Reiner Dieckhoff –
Köln : Emons, 1999
ISBN 3-89705-100-1

© Hermann-Josef Emons Verlag
Alle Rechte vorbehalten
Layout : Weusthoff & Rose, Köln
Lithographie: DIEVIERFARBEN, Köln
Druck und Bindung: Druckhaus Cramer, Greven
Printed in Germany 1999
ISBN 3-89705-100-1

Rudolf Schmidt

»Fupp do kütt se öm de Eck!«

Mit der Elektrischen durch das Köln der Jahrhundertwende

Emons

Vorwort

Bim, bim, bim! Fupp, do kütt se öm de Eck
Zaut üch, flöck! – Och, mer wed jo dudsverschreck!

Das furchterregende Tempo der Elektrischen in den engen Gassen der Stadt Köln wird im Büttenmarsch einer Karnevals-Gesellschaft von 1903 thematisiert. Dreieinhalb Jahrzehnte später war die neue Errungenschaft bereits museumswürdig. Am 21. März 1939 wurde ein Geschenk im Wert von zwanzig Reichsmark in das Inventarbuch des Rheinischen Museums eingetragen. Fräulein Lüttgen aus Köln-Lindenthal hatte dem Museum neben einigen Plänen eine »Mappe mit Fotografien der Kölnischen Strassenbahn« geschenkt. Entstanden waren die Aufnahmen im selben Jahr wie der Büttenmarsch, dessen Refrain eingangs zitiert wurde. Auftraggeber der Fotos war die Firma Siemens & Halske. Sie dokumentieren die Kölner Elektrische – ein Produkt dieser Firma – in den Straßen der Innenstadt. Über das technische Erzeugnis hinaus halten die Bilder detailreich das Straßenleben und das Stadtbild um die Jahrhundertwende fest.
Wie die Kölner Innenstadt, so wurde auch das Haus der Rheinischen Heimat in Deutz während des Zweiten Weltkrieges zerbombt. Seine Bestände konnten jedoch größtenteils ausgelagert werden und überstanden so weitgehend den Krieg. Ende der fünfziger Jahre bezog das Museum, nun als Kölnisches Stadtmuseum bezeichnet, das wiederaufgebaute Zeughaus in der Innenstadt. Mit der Fotosammlung hatten auch die Straßenbahnaufnahmen den Krieg überdauert. Allerdings befanden sich Anfang der neunziger Jahre nur noch wenige Bilder in der Mappe mit der Aufschrift »Siemens & Halske A.G. Berlin« und «Bahnen der Stadt Cöln a/Rh.«. Aufgrund ihres dokumentarischen Wertes hatte man die meisten Abbildungen nach topographischen Gesichtspunkten in die Fotosammlung einsortiert.

Jürgen Hocker führte die Kollektion wieder zusammen. Als Leiter der graphischen Sammlung lag mir von Anfang an daran, diesen Bestand in Buchform zu veröffentlichen. Zudem konnten im Münchener Siemens-Archiv weitere Aufnahmen entdeckt werden, die offensichtlich im selben Zusammenhang entstanden waren. Einige sind nur Varianten der Bilder aus der Mappe des Kölnischen Stadtmuseums, andere bilden dagegen eine wertvolle Ergänzung. Es ist rückblickend als Glücksfall zu bezeichnen, daß sich mit dem Historiker Rudolf Schmidt zu jenem Zeitpunkt ein Mitarbeiter in der Graphischen

Sammlung befand, auf den das Thema geradezu zugeschnitten war. Er übernahm auch die inhaltliche Bearbeitung der Abbildungen.
Mit diesen Fotografien und zahlreichen Vergleichsabbildungen wird es möglich, eine imaginäre Fahrt »mit der Elektrischen durch Cöln« zu unternehmen. In ergänzenden Artikeln wird unter anderem die Vorgeschichte der Elektrifizierung dargestellt. Handfeste Interessengegensätze finden hier genauso ihren Niederschlag wie Reaktionen auf aktuelle Entwicklungen. Sie fanden ihren Ausdruck u.a. in charakteristischen Karnevalsliedern, die sich seinerzeit ohne Rücksicht auf überregionale Vermarktungschancen solcher lokalen Themen annehmen konnten. Die Recherchen zu diesem Thema förderten darüber hinaus interessante, aber völlig in Vergessenheit geratene Episoden der Kölner Nahverkehrsgeschichte zutage.
Diverse Betriebe, Archive und Sammler stellten bereitwillig Informationen und Bildmaterial zur Verfügung. Ihnen allen sei an dieser Stelle für ihre Hilfe gedankt.

Reiner Dieckhoff

Die Elektrische

Am Rheinufer beim Nordbahnhof wurden die Triebwagen zum Fototermin bereitgestellt. Das Kölner Tageblatt berichtete am 21.8.1901 über den neuen Fahrzeugpark der Elektrischen: »Etwa 80 Motorwagen und eine Anzahl Anhängewagen, letztere aus den besten der vorhandenen Pferdebahnwagen umgebaut, stehen teils auf dem Nordbahnhofe am Niederländer Ufer, zum größeren Teil aber auf dem Südbahnhofe an der Bonnerstraße fix und fertig. Sie sind zum Teil von Siemens & Halske – Berlin, zum Teil vom Helios, Köln (die Wagenkasten wurden von van der Zypen & Charlier erbaut), zum Teil auch in den städtischen Werkstätten selbst konstruiert worden (…) Und schmuck sind die Wagen, das muß man ihnen lassen! Drei große blitzende Spiegelglasscheiben an jeder Seite, das Holz des Wagens in Gelb und Olivgrün lackiert, das prächtige Stadtwappen zu beiden Seiten und die Aufschrift ›Bahnen der Stadt Köln‹, die Strecken-Schilder, die reizvolle Holzmaserung im Inneren, die zwischen licht- und dunkelbraun wechselt, vor allem die ausgiebige Glühlichtbeleuchtung, geben den Wagen ein großstadtwürdiges Aussehen. Dabei bemerken wir mit Behagen die Verschlußgitter der Perrons; Auf- und Abspringen während der Fahrt wird in Zukunft ausgeschlossen sein.« Nicht nur bei Van der Zypen & Charlier sowie der damaligen Hauptwerkstätte auf dem Gelände des Betriebshofes Nord in Riehl wurde dieser Fahrzeugtyp für Köln hergestellt, sondern auch von Herbrand in Ehrenfeld, von der Waggonfabrik Uerdingen und selbst von der Hamburger Firma Falkenried. [KSM]

Triebwagenvarianten:
Auch konstruktive Unterschiede der verschiedenen Triebwagenserien wurden für das Archiv von Siemens & Halske dokumentiert. Während die meisten Triebwagen mit geschwungenen Seitenteilen versehene Untergestelle besaßen, war ein anderer Teil der Wagen mit »Meinecke-Untergestellen« (Abb. links) versehen. [Siemens-Forum, München]

Stromabnehmer, Linienschild:
Diese Detailaufnahmen zeigen neben dem Lyrabügel auch die Positionslampen und die Linienbeschilderung, wie sie sich 1903 nach der Einführung der Liniennummern zunächst präsentierte. Später wurde die Nummer in der Mitte über dem Zielschild angebracht, die traditionellen Bezeichnungen blieben allerdings noch länger gebräuchlich. Das zweifarbige Schild läßt die farbliche Kennzeichnung der Linien erkennen, mit der die Orientierung für die Fahrgäste erleichtert wurde. Entstanden sind auch diese Aufnahmen am Bahnhof Nord, der sich zwischen Rhein und Zoologischem Garten befand. Bemerkenswert ist das abrupte Ende der noch nicht ausgebauten Rheinuferstraße. [Siemens-Forum, München]

Zool-Garten-Flora 16
Ringbahn
BAHNEN DER STADT KÖLN
43
438

Bahnhofsplatz

Mit der Einweihung des Central-Personenbahnhofes 1859 begann der tiefgreifende Wandel der Domumgebung: Sie wurde nun zum Brennpunkt des Verkehrsgeschehens. Auch der neue, 1894 eingeweihte Hauptbahnhof entstand in der Nachbarschaft der Kathedrale, obwohl diese Stelle nicht unumstritten war und man seine Verlegung in die Neustadt erwogen hatte. Im Hintergrund, an der Großen Sporergasse, hatte die Cöln-Mindener Eisenbahn ihr Verwaltungsgebäude erbaut. [KSM]

Vor der Eröffnung der ersten U-Bahnstrecke im Jahre 1968 führte noch eine Stichstrecke der Straßenbahn von der Christophstraße zum Hauptbahnhof. Zuletzt bestimmten hier Großraum- und Gelenkwagen das Bild. Die Taxis waren nun mit Verbrennungsmotor unterwegs, wurden offiziell aber weiterhin als Droschken bezeichnet. [KVB]

Rudolfplatz
645

Dom-Nordseite

Fast wäre es gelungen, den ganzen Dom auf das Foto zu bekommen …
Dieser Blick auf den Dom sollte aber nicht mehr lange möglich sein: Ein Jahrzehnt nach dieser Aufnahme wird das neue Deichmannhaus den Blick auf den unteren Teil des Nordturmes verstellen. Hier jedoch ist noch die Rückfront des alten Deichmannhauses zu erkennen. Außer dem Wahrzeichen Kölns erblickte der Reisende beim Verlassen des Hauptbahnhofes damals noch einen alten Garten. [KSM]

Das Bankenviertel, rechts die Hauptpost »An den Dominikanern«. [KSM]

Gereonstraße

Die Gereonskirche, deren Geschichte in die Spätantike zurückreicht, beherrscht die Gereonstraße. Im Laufe des 19. Jahrhunderts wandelte sich der Charakter auch dieses Viertels. Das in der Nähe der ehem. Stiftskirche gelegene Gereonstor hatte jahrhundertelang keine Verkehrsbedeutung besessen. Erst nach dem völligen Abriß der ehem. Pfarrkirche St. Christoph 1837 wurde als Verlängerung der Gereonstraße die Christophstraße zu dem Stadttor angelegt. Der guterhaltene Wehrbau fiel 1882 der Stadterweiterung zum Opfer. Inmitten der klassizistisch geprägten Bebauung sind hier nur noch wenige Altbauten zu erkennen. Vor dem ersten Weltkrieg sollte sich aber das Bild der Gereonstraße weiter verändern: Auf der rechten Straßenseite entstand damals das Gereonshaus als reines Bürogebäude ohne Wohnungen – ein Indiz für die Citybildung, die nun auch diesen Bereich erfaßte. [KSM]

Ein Nachläufergelenkwagen («Sputnik») auf der Strecke von der Christophstraße zum Hauptbahnhof, die später durch U-Bahn ersetzt wurde. [KVB]

Rudolfplatz
627
Kolonialwaren, Obst & Gemüse.

Gereonstraße

Der Fotograf in der Gereonstraße blickt in die Richtung zum Dom und in die Bankenstraße Unter Sachsenhausen. Vor dem querstehenden Gebäude auf dem heutigen Börsenplatz befand sich das erzbischöfliche Palais, ein Bau aus dem 18. Jahrhundert. Er war 1824 von der preußischen Verwaltung aufgekauft und zur Wohnung des Kölner Erzbischofs bestimmt worden. Vor dem ehem. Haus der Freiherren von Heeremann-Zuydwick wurde die Mariensäule aufgestellt, die katholische Kreise lieber in der Nachbarschaft des Rathauses auf dem Alter Markt gesehen hätten. Bei der Elektrifizierung der Straßenbahn verlor das Denkmal für das Dogma der unbefleckten Empfängnis Mariens den räumlichen Bezug zum Sitz des Erzbischofs: Sie wurde auf den Gereonsdriesch versetzt, während Mannesmann-Oberleitungsmaste ihre alte Stelle einnahmen. [KSM]

Die Mariensäule an ihrem heutigen Standort. [RBA]

Rudolfplatz
635
Butter, Eier, Käse.

Marzellenstraße, Ecke Bahnhofstraße

Die Kreuzung Marzellenstraße (rechts)/Bahnhofstraße hält diese Aufnahme aus dem Siemens-Archiv fest. Hotels und Geschäftslokale prägten diesen Bereich der City in der Nachbarschaft des Hauptbahnhofs. [Siemens-Forum, München]

COLONIA-BRÄU
HOTEL RESTAURANT
Franz Barnickel.
Cigarren
Chocoladen
BAHNEN DER STADT CÖLN

Dom

Im 19. Jahrhundert wurde nicht nur den Dom vollendet, er wurde auch in städtebaulicher Hinsicht auf einen Denkmalsockel gesetzt, wie dieser Blick vom Eckhaus an der Marzellenstraße in die Trankgasse deutlich zeigt. Die historisch gewachsene Bebauung um den Dom herum und selbst der Rest eines römischen Stadttores hatten der Domfreilegung weichen müssen.
Der erkennbare Wagen der Linie 10 setzt seine Fahrt fort in Richtung Neumarkt, um über Mauritiussteinweg, Weidenbach und Duffesbach seine Endstation am Volksgarten zu erreichen. Im Jahre 1904 wurde diese Strecke über die Neustadt hinaus bis nach Zollstock verlängert. [KSM]

Beim Abriß der Bebauung am Dom kam eine Seitenpforte des römischen Nordtores zum Vorschein. Nachdem das Haupttor bereits 1826 als Verkehrshindernis niedergelegt worden war, fiel sieben Jahrzehnte danach auch diese sog. »porta paphia« dem Erneuerungs- und Verschönerungsdrang zum Opfer und wurde versetzt. [KSM]

Marzellen-Str
Hôtel
Hof
Restaurant
H. Temmen
Volksgarten
36

Trankgasse

Die Trankgasse hatte durch die Domfreilegung die bauliche Fassung ihrer Südseite (rechts) verloren. Die anschließende Komödienstraße und ihre Verlängerung, die Zeughausstraße, waren dagegen ein enger Straßenzug geblieben. Daher durchfuhr ihn die Elektrische nach Ehrenfeld nur in westlicher Richtung, während in der Gegenrichtung die nicht minder enge Burgmauer befahren wurde.
Bis zum Ersten Weltkrieg sollte sich das Aussehen der Bebauung an der Trankgasse nochmals völlig wandeln: An die Stelle des Gründerzeitstucks am Englischen Hof (links) trat die Werksteinfassade des Fürstenhofes. Das alte Hotel Ernst wurde durch ein neuzeitliches Großhotel ersetzt, und auch das alte Deichmannhaus im Stil eines italienischen Palazzo mußte einem modernen Großbau mit Werksteinfassade weichen. [KSM]

Cigarren

Dom, Westseite

Im 19. Jahrhundert war eine gerade auf den Dom zulaufende Straße geplant worden, die nicht verwirklicht wurde. Es entstand lediglich der Platz zwischen der Burgmauer und dem heutigen Café Reichard. Hier bogen die aus Richtung Ehrenfeld kommenden Bahnen (links) zur Trankgasse ab.
Etwa an der Stelle des heutigen Taubenbrunnens, ist am rechten Bildrand ein Detail zu erkennen, das auf den ersten Blick merkwürdig anmutet: Dort stehen Droschken, aber es fehlen die Pferde. Tatsächlich handelt es hierbei nicht um einen Abstellplatz für Pferdedroschken, sondern um die »Automobilstation« im Schatten des Domes. Seit dem 16. Juli 1900 fuhren in Köln zunächst zwölf Automobildroschken. Sie waren zugleich das erste elektrische Transportmittel, das im Stadtverkehr zum Einsatz kam, denn sie waren mit Akkumulatoren ausgerüstet. Benzindroschken wurden erst gut ein Jahrzehnt später, nämlich 1911, zugelassen. [KSM]

Die »Automobilstation«
[Slg. Ditgen, aus: Köln auf alten Ansichtskarten, Kölner Leben]

Wallrafplatz

Auf ihrer Fahrt vom Neumarkt zum Dom bogen die Bahnen an der Ecke Rechtschule/Wallrafplatz nach links ab. Die Bahnen nach Nippes erreichten durch die Straße Unter Fettenhennen die Marzellenstraße und den Eigelstein. Am linken Bildrand ist das Hotel Monopol zu erkennen, auf dessen Grundmauern nach dem Krieg das Funkhaus errichtet wurde.
Zu dieser unübersichtlichen Ecke äußerte sich der Beigeordnete Scheidtweiler in der Sitzung der Stadtverordneten-Versammlung am 26.6.1902: »Am Hotel Monopol müssen wir den dortigen Engpaß passiren, die Maße sind aber immer noch so, daß wir hindurchkommen.« Später wurde hierzu ausgeführt: »Bei unseren Straßenbahnen müssen wir uns eben damit abfinden, daß die Stadt Köln nun einmal keine schönen breiten Straßen hat.« [Siemens-Forum, München]

Der Blick vom Wallrafplatz in die Straße Unter Fettenhennen. [KVB]

WAREN.
LEDERWAREN.
Nippes
66

Breite Straße

Im Schaufenster der Schirmfabrik Gebr. Thürlings hat eine Frau den Fotografen ausgemacht, der in die Breite Straße hineinblickt. Ein Wagen der Linie 2 nach Lindenthal passiert aus Richtung Mülheim kommend die Breite Straße, eine der wichtigsten Geschäftsstraßen im Köln der Jahrhundertwende. Da diese Ost-West-Verbindung mit römischen Ursprüngen kaum sieben Meter breit war, durchfuhr die Straßenbahn sie nur in westlicher Richtung. In der Gegenrichtung verkehrte sie über die Glockengasse und die Brückenstraße. Die Bezeichnung Breite Straße ist bis heute irreführend geblieben. Allerdings wird die historische Straße nun direkt hinter dem Haus mit der Nummer 4, das sich hier mit gründerzeitlicher Stuckfassade präsentiert, von der Nord-Süd-Fahrt gekreuzt. Im Bereich dieses Durchbruchs aus dem Zeitalter der autogerechten Stadt stand auch die traditionsreiche Brauerei »Zur Zweipann«. Deren Stufengiebel ist links hinter der Straßenbahn zu erkennen. [KSM]

Gegenüber dem Kaufhaus Peters, dem Vorläufer der Kölner Karstadt-Niederlassung, stand bis 1911 in der Breite Straße 92 das Geyrsche Palais. Dieser kunsthistorisch bedeutende Rokoko-Bau diente zuletzt als Steuerdirektion und wurde vom Staat auf Abbruch verkauft. [KSM]

Apostelnstraße

Von der Apostelnkirche her nahm der Fotograf die Apostelnstraße in drei Varianten auf. Zwischen klassizistischen Bauten und Gründerzeithäusern sind noch einige alte Häuser mit niedriger Geschoßhöhe auszumachen.

Der Wagen mit dem Zielschild Chlodwigplatz biegt in Fahrtrichtung nach links ab zum Neumarkt. Eine Veränderung der Linienführung ergab sich in diesem Bereich im Jahre 1907, wie der Verwaltungsbericht festhält: »Innerhalb der Stadt hat das Gleisnetz an zwei Stellen eine nicht unwesentliche Veränderung erfahren. Der Straßendurchbruch der Krebsgasse ermöglichte es, die recht unzweckmäßige Linienführung der Querbahn, Linien 9 und 10, die bisher in der Richtung nach dem Dom über Neumarkt-Ost, Schildergasse, Kreuzgasse, Glockengasse, Ludwigstraße, Richartzstraße und Museum und zurück vom Museum über Breite Straße, Apostelnstraße und Neumarkt-West führte, wesentlich zu verbessern. Die Linien führen jetzt in beiden Richtungen über Neumarkt-Ost und Krebsgasse und gabeln sich nur auf der kurzen Strecke zwischen Langgasse und Museum, indem in der Richtung nach dem Dom die Glockengasse und Ludwigstraße, und vom Dom die Breite Straße und Langgasse benutzt werden. Die Kosten der Gleisumlegung haben 57 369 M betragen. Die neue Strecke konnte im September 1907 in Betrieb genommen werden.

In einem gewissen Zusammenhang mit dieser Linienänderung wurde eine zweite Betriebsumlegung durchgeführt, welche die Linie Cöln-Ehrenfeld-Neumarkt-Chlodwigplatz, Nr. 5, betrifft. Auch hier fand bisher eine ungünstige Gabelung der beiden Richtungen des Betriebes zwischen Neumarkt und Ehrenstraße statt. In der Richtung nach dem Dom führte die Linie durch die Benesisstraße, Hahnenstraße, Marsilstein, Neumarkt-Süd, auf dem Rückwege über Neumarkt-Ost und -Nord, Apostelnstraße und Ehrenstraße. Nachdem durch die Gleisumlegung an der Krebsgasse die Straßenbahn aus einem Teil der Breite Straße (von Langgasse bis Apostelnstraße) beseitigt war, erschien es wünschenswert, den dadurch nicht unwesentlich geschädigten Geschäftsleuten tunlichst einen Ersatz zu schaffen. Dies konnte bis zu einem gewissen Grade dadurch geschehen, daß die Linie 5 auf dem Wege zum Neumarkt durch Ehrenstraße-Apostelnstraße-Neumarkt-West und -Süd gelegt und damit bis an den Anfang der Breite Straße herangeführt wurde. Es bedurfte dazu nur der Legung eines zweiten Gleises auf der Ehrenstraße von Benesis- bis Apostelnstraße; eine Arbeit, welche zugleich mit der Asphaltierung dieser Straßenstrecke vorgenommen wurde. Auf der Strecke der Ehrenstraße vom Ring bis zur Benesisstraße wurden ebenso mit der Asphaltierung der Straße und Änderung des Straßenprofils die Gleise umgelegt. Die Arbeiten kamen im September 1907 zur Ausführung.« [KSM]

Der Durchbruch Krebsgasse entstand im Bereich des »alten Posthofs« an der Glockengasse (hinten, links der Dachreiter von Maria in der Kupfergasse). [RBA]

Chlodwig-Platz
620
Colonial-Material-Farbwaren

Neumarkt

»Mit dem Anwachsen des Betriebes elektrischer Bahnen steigern sich auch die Anforderungen, die an die Kenntnisse, Geschicklichkeit und Geistesgegenwart des Fahrpersonals gestellt werden, da hiervon die Sicherheit und Wirtschaftlichkeit des Betriebes zum Teile abhängt. Der Ausbildung des Fahrerpersonals wird deshalb eine besondere Sorgfalt gewidmet. Die Ausbildung dauert etwa 4 Wochen, sie geschieht durch Fahrmeister, die täglich in 9 1/2 stündigem Unterricht Kolonnen bis zu 8 Mann einüben. Es wird besonderer Wert darauf gelegt, daß die Fahrmeister nicht bloß das vorschriftsmäßige Fahren selbst ausüben können, sondern es auch verstehen, dem Personal diese Kenntnisse beizubringen (…)
Nach bestandener Prüfung wird der neue Fahrer auf fahrplanmäßig verkehrenden Wagen und Zügen einem alten bewährten Fahrer beigegeben, unter dessen Aufsicht und Verantwortung der neue Fahrer jede zu seinem Bahnhof gehörende Linie je einen Tag befährt. Während der halbjährigen Probezeit wird der Fahrer durch den Fahrmeister beobachtet und vor Ablauf dieser Zeit hat der Fahrmeister zu berichten, ob sich der Fahrer zur dauernden Beschäftigung eignet.« [Kayser, S.75]
Diese Aufnahme entstand auf der Südseite des Neumarktes. Die Linie 5 mit dem weiß-roten Zielschild fährt weiter über Cäcilienstraße, Cäcilienkloster, Jabachstraße, Kämmergasse, Bachemstraße, Blaubach, Waidmarkt und Severinstraße zum Chlodwigplatz. In der Gegenrichtung wurden ab Waidmarkt Hohe Pforte, Agrippastraße und Kämmergasse durchfahren. [KSM]

Nach dem Zweiten Weltkrieg wurden auf dem Neumarkt Trümmer verladen. [KSM/RBA]

Chlodwig-Platz

Neumarkt, Blick aus der Schildergasse

Der Fotograf blickte hier aus der Schildergasse auf den Neumarkt und hält dabei auch die weniger häufig fotografierte Südseite (links) des größten Platzes in der Kölner Altstadt im Bild fest. In der Mitte ist eine jener Litfaßsäulen zu erkennen, deren Plakate herangezogen werden konnten, um den Aufnahmezeitpunkt der Fotografien näher zu bestimmen.
In der Nähe des Neumarktes wurde am Cäcilienkloster beim Haus Wolkenburg das unterirdische Umformwerk für die Stromversorgung der Elektrischen angelegt. [KSM]

Firmen Schilder
R. HARTMANN
Gürzenich
SOUSA
60 Künstler

Neumarkt, Ecke Richmodstraße

Noch prägen zwei geschichtsträchtige Bauten den Neumarkt: die romanische Apostelnkirche und der Nicasiushof, das sog. Richmodishaus. Dieses Gebäude war mit der Kölner Sage der Richmodis von Aducht verbunden. In der »Malerischen Beschreibung der Eisenbahn zwischen Köln und Aachen« von 1841 wird die Begebenheit, die sich hier zugetragen haben soll, wie folgt geschildert: »In der Apostelnkirche wurde 1357, als die Pest in Köln wüthete, Richmodis von Lyskirchen, Gemahlin des Ritters Mengis von Aducht, lebendig begraben; aber durch den Todtengräber, welcher sie im Grabe ihres goldenen Ringes berauben wollte, aus ihrer Ohnmacht geweckt, kehrte sie mit der zurückgelassenen Laterne des entflohenen Räubers zu ihrem trauernden Gatten zurück. Dieser konnte, erzählt die Sage, an die Wiedererweckung der Geliebten so wenig glauben, daß es ihm eher möglich schien, wenn sogleich seine Pferde auf dem Boden des Hauses ständen. In dem Augenblick vernimmt er ein gewaltiges Gepolter, und die Pferde schauen aus den Dachfenstern. Frau Richmodis genaß völlig, gebar noch mehrere Kinder und schenkte aus Dankbarkeit der Apostelkirche ein von ihr gewobenes Fastentuch.«
Zur Erinnerung an diese Sage blicken bis heute zwei Pferdeköpfe auf den Neumarkt. Auf dem Foto (oben rechts, mittleres Fenster) schauen die Holzpferde aus dem Richmodishaus auf das Verkehrsmittel, das ihre lebendigen Artgenossen teilweise verdrängt hatte.
Das historische Gebäude mußte in den zwanziger Jahren einem neuen Geschäftshaus weichen, nachdem an der Ecke Richmodstraße bereits ein hoher Gründerzeitbau die Höhendimensionen der alten Bebauung gesprengt hatte. In diesem Eckhaus befand sich die Kölner Niederlassung der Union Elektricitäts Gesellschaft. Deren Straßenbahnen stellten eine große Konkurrenz für Siemens & Halske dar. Die u.a. von Siemens & Halske elektrifizierte Bahn passierte auf ihrer Fahrt vom Neumarkt über Mohrenstraße, Klingelpütz und Hansaring zum Deutschen Ring das Haus mit der UEG-Aufschrift. Pikanterweise findet sich ausgerechnet diese Stelle im Album von Siemens & Halske wieder. Die UEG-Reklame sollte hier allerdings bald überflüssig werden: Diese Siemens-Konkurrenzfirma fusionierte 1904 mit der AEG, nachdem bereits 1903 eine Interessengemeinschaft der beiden Unternehmen zustande gekommen war. Dementsprechend weist das Adreßbuch von 1904 für die AEG und die UEG ein gemeinsames »Installations-Büreau Köln« am Friesenplatz aus.
Es hatten seinerzeit auch Verhandlungen der AEG mit der »Elektrizitäts-Aktiengesellschaft vorm. Schuckert & Co.« (EAG) stattgefunden. Diese in Nürnberg begründete Firma war von der Wirtschaftskrise um die Jahrhundertwende besonders hart getroffen worden. Nach dem Scheitern der Fusionsverhandlungen mit der AEG kam es schließlich noch 1903 zu einer Übereinkunft zwischen der EAG und Siemens. In die neugeschaffenen Siemens-Schuckertwerke brachte Siemens & Halske unter anderem seine Abteilung für elektrische Bahnen ein. [KSM]

145

Dom-Rückseite mit Hauptbahnhof

Vom Fuß der Brückenrampe her blickt der Fotograf auf Dom, Hauptbahnhof und St. Maria Himmelfahrt (im Hintergrund). Vor der Kulisse des Hauptbahnhofes, dessen Kaiserportal mit dem darüberliegenden Empfangszimmer für hochgestellte Persönlichkeiten hier zur Geltung kommt, ist ein Detail aus dem Alltag der Elektrischen zu erkennen: Auch nach der Elektrifizierung der Straßenbahn kam man noch nicht ganz ohne Pferde aus, wie sich im Hintergrund dieser Abbildung zeigt. Sie wurden nämlich nach wie vor benötigt, um die Turmwagen für Oberleitungsarbeiten zu ziehen. Noch ein Jahrzehnt nach dem Entstehen dieser Aufnahmen stellte sich die Situation so dar (1913): »Für Unterhaltungs- und Neubauten stehen zur Verfügung 7 Pferde-Turmwagen, 2 auf Schienen laufende Turmwagen, 1 große fahrbare Leiter sowie 1 Alarm-Turmwagen (ebenfalls mit Pferdebespannung). Die Oberleitungskolonne besteht zurzeit aus 47 Mann, von denen jedoch für die reinen Oberleitungsarbeiten einschließlich Kutscher nur 28 Verwendung finden, während die übrigen Leute den Unterhaltungs- und Neuanlagen der Licht- und Telephon-Installationen, der Mast-, Neu- und Umstellung, den Lagerarbeiten und der Unterhaltung des Kabelnetzes dienen.« [Kayser, S. 184] [KSM]

Ein Turmwagen im Einsatz auf dem Neumarkt. [KVB]

Chr. Weÿer Köln
298

Mausefalle

Ein Triebwagen mit Meinecke-Fahrgestell ist auf der Linie 1 von Lindenthal über den Dom unterwegs nach Deutz und Kalk. Gerade hat er die »Mausefalle« an der Stelle der heutigen Hohenzollernbrücke passiert. Im Hintergrund entfaltet sich das Altstadtpanorama mit dem Stapelhaus, das von Groß St. Martin überragt wird. Obwohl auch eine Straßenbahnlinie unmittelbar an der historischen Rheinfront entlangführte, fehlt dieses Motiv imSiemens & Halske-Album. Die jahrhundertealten Häuser an der ehem. Hafengasse präsentierten sich zu dieser Zeit allerdings in einem so maroden Bauzustand, daß deren Abriß in Erwägung gezogen wurde.

Noch behaupten sich der spitze Turmhelm von Klein St. Martin und der Ratsturm im Stadtbild. Am linken Rand der Abbildung ist die Schiffbrücke auszumachen, an deren Stelle 1914/15 die Deutzer Hängebrücke in Betrieb genommen wurde.

Nach der römischen Brücke zum rechtsrheinischen Kastell Deutz war die 1859 eingeweihte »Dombrücke« die erste feste Verbindung über den Rhein in Köln. Neben der zweigleisigen Eisenbahnbrücke verlief eine Straßenbrücke. Auf ihr wurde bald nach der Übernahme der Straßenbahn durch die Stadt 1902 eine erste Verbindung von rechts- und linksrheinischem Bahnnetz geschaffen. Allerdings blieb die Enge auf der alten Rheinbrücke nicht ohne Einfluß auf den Fahrzeugpark der Straßenbahn. Die Wagenbreite durfte mit Rücksicht auf die dortigen Platzverhältnisse maximal 2,1 Meter betragen. Für die Benutzung der Rheinbrücke mußten seinerzeit auch Straßenbahnfahrgäste einen Brückengeldzuschlag entrichten.

Der zunehmende Verkehr machte wenige Jahre nach dem Entstehen dieser Aufnahme den Bau einer neuen Stromüberquerung erforderlich: Von 1907-11 entstand hier die Hohenzollernbrücke mit vier Eisenbahngleisen, einem neuen Straßenteil und wuchtigen neoromanischen Türmen. Während die Eisenbahnbrücke nach dem Zweiten Weltkrieg wiederaufgebaut und Mitte der achtziger Jahre sogar sechsgleisig ausgebaut wurde, entstand der Straßenteil nicht wieder – jedenfalls nicht an der alten Stelle: dessen wiederverwendbarer linksrheinischer Bogen wurde nach Duisburg abgegeben. Dort wird er auch noch heute von der Straßenbahn befahren.

Sogar ein Rest der Mausefalle existiert noch: Ein Teil eines Hauptträgers wurde dem Verkehrs- und Baumuseum in Berlin übergeben und das letzte Stück der alten Brücke dem Deutschen Museum in München. Während das Museumsobjekt in München offenbar im Krieg zerstört wurde, ist das Relikt in Berlin – trotz großer kriegsbedingter Verluste – noch vorhanden. [KSM]

Die Hohenzollernbrücke [RBA]

Ik
Lindenthal Kalker Bahn
BAHNEN DER STADT KÖLN
05
405

Ostbahnhof Deutz

In der Architektur von Straßenbahndepots spiegelten sich auch die Baubeschränkungen im ersten Festungsrayon wider. Während der alte Westbahnhof im Bereich des heutigen Aachener Weihers und der Bahnhof Süd als Holzkonstruktion errichtet werden mußten, entstanden die ersten Gebäude des Ostbahnhofes bei Deutz kurz nach der Jahrhundertwende in Fachwerkbauweise. Der so »entbehrlich gewordene Bahnhof Kalk [wurde anschließend] der Kölnischen Straßenbahn-Gesellschaft wieder zur Verfügung gestellt.« [Verwaltungsbericht für 1902] Neben der Wagenhalle sind Anhänger aus der Zeit der Pferdebahn zu erkennen, von denen die besten als Beiwagen der Elektrischen weiterverwendet wurden. [Siemens-Forum, München]

Deutz wurde ab 1817 mit Befestigungen versehen. Die Straßenbahnlinie nach Kalk passierte diese Anlagen am Mülheimer Tor. Die Aufnahme entstand am 1. Juni 1908 anläßlich der »Schleifung der Deutzer Festungswerke« und zeigt eine »Aufnahme vom nördlichen Teil des Saillant III aus«. [KSM]

176

Dom-Rückseite mit Bahnhofshalle

Der Fotograf hat hier einen anderen Standort als bei der ersten Aufnahme von der Dom-Rückseite, so daß nun die große Bahnsteighalle des Hauptbahnhofes zur Geltung kommt. Im Gegensatz zur Neo-Renaissance-Architektur des heute abgerissenen Empfangsgebäudes weist sie neugotische Züge auf.
Im Vordergrund geht ein »Retzefeger« oder »Retzekretzer« seiner Arbeit nach. Dessen Tätigkeit wurde jahrzehntelang als abschreckendes Beispiel herangezogen, um den Nachwuchs zum Lernen in der Schule zu motivieren. »Wenn du nicht lernst, dann mußt du Retzekretzer werden!« Diese Drohung konnte man noch in den sechziger Jahren von Großmüttern hören. Dabei war schon lange vor dem Ersten Weltkrieg die Abschaffung dieses Berufsstandes eingeleitet worden, wie ein Zitat aus Otto Kaysers Buch belegt: »Im Jahre 1909 wurde die mechanische Reinigung der Schienenrillen mittels eines von den Vereinigten Isolatorenwerken A.-G. in Berlin-Pankow bezogenen Saugluftwagens eingeführt. Ein zweiter Wagen dieser Art ist im Jahre 1912 beschafft worden. (…) Ein Wagen reinigt an einem Tage etwa 45 bis 50 km Gleis in 5 Füllungsfahrten. An je einer Abladestelle im Süden und Norden der Stadt werden die Wagen entleert. Bisher war nur eine etwa dreitägige Schienenreinigung mittels der Wagen üblich. Da diese sich aber infolge der vielen Reparaturarbeiten, die im laufenden Jahre ausgeführt worden sind, nicht als ausreichend erwies, wurde daneben noch Reinigung mit Handbesen usw. vorgenommen. Seit einiger Zeit erfolgt die Rillenreinigung durch die Wagen alle 2 Tage.« [Kayser, S. 210] [KSM]

Zwischen Dom, Hauptbahnhof und Mausefalle bzw. Hohenzollernbrücke (Abb.) befand sich seit 1904 die Endhaltestelle der rechtsrheinischen Vorortbahnen. [KSM]

Dom-Rückseite

Am Domchor führten die Straßenbahngleise zum Alter Markt entlang. Im Hintergrund sind der Ratsturm und das Haus Saaleck zu erkennen. Links steht das Eisenbahndirektionsgebäude mit dem »im romanischen Stil gehaltenen Erweiterungsbau, der in seinem oberen Teile an den Kaiserpalast in Gelnhausen erinnert«. [Köln und seine Kirchen]
Nach der Beseitigung der Ruinen des Zweiten Weltkriegs entstand hier zwischen Dom und Rhein zunächst der Busbahnhof. Nicht ausgeführt wurde jedoch der Plan, an dieser Stelle ein Haus des Verkehrs zu errichten. Vielmehr wurde dieser Bereich, unter dem bereits ein Stück U-Bahntunnel Richtung Süden führt, in den achtziger Jahren mit dem Museumskomplex überbaut. [KSM]

Unter Taschenmacher/Am Hof
Im Stil des Gürzenich wurde das gotische Haus Saaleck an der Ecke Unter Taschenmacher/Am Hof (rechts) errichtet. Auf der Fahrt vom Dom zum Alter Markt durchfuhren die Bahnen die Straße Unter Taschenmacher. Deren linke Seite war von schmalbrüstigen Häusern, erbaut über der römischen Stadtmauer, geprägt. In der Gegenrichtung passierte die Elektrische die Bechergasse. [Siemens-Forum, München]

CIGARREN VERSAND
TABAK
CIGARREN
HOTEL CONTINENTAL
J.A.Plass
BAHNEN DER STADT CÖLN

Alter Markt

Zu den wenigen klassischen Alt-Köln-Motiven im Siemens-Album gehört diese Abbildung des Alter Markts. Lediglich das Manufakturwaren-Haus Biergans an seiner Nordseite (Hintergrund) ist als moderner Bau auszumachen.
Katholische Kreise, die den neuen preußisch-protestantischen Herren kritisch gegenüberstanden, hätten gerne hier in der Nachbarschaft des Rathauses (links) eine Mariensäule errichtet. Diese wurde schließlich am Erzbischöflichen Palais aufgestellt, wo sie bei der Elektrifizierung der Straßenbahn weichen mußte (vgl. S. 14).
Auf den Alter Markt kam statt dessen ein Denkmal des Jan von Werth. Der Reitergeneral aus dem Dreißigjährigen Krieg – hier ohne Pferd – wacht über das Markttreiben und blickt durch die nicht mehr existierende Zollstraße zum Rhein. Diese Straße war im 19. Jahrhundert als Verbindung zwischen Alter Markt und Zollhafen am Stapelhaus angelegt worden.
Ausgerechnet das Denkmal von 1884 überstand den Zweiten Weltkrieg praktisch unbeschädigt, während die hier abgebildeten jahrhundertealten Häuser in Schutt und Asche sanken. So stand an der Ecke der Zollstraße ein Haus mit klassizistischer Fassade. Hinter ihr verbargen sich aber allem Anschein nach Teile eines romanischen Hauses, dessen linke Hälfte die Jan von Werth-Apotheke beherbergte. [KSM]

Einer der eleganten Rundbahn-Dreiachser aus den späten dreißiger Jahren auf dem bereits teilzerstörten Alter Markt. [RBA]

Malzbüchel

Ein anderes Stück Alt-Köln wird in dieser Aufnahme festgehalten: der Malzbüchel. Im Hintergrund sind einige der historischen Bauten am Heumarkt zu erkennen: das Haus zum schwarzen Bären und das Renaissancehaus Vanderstein-Bellen mit seinen medaillongeschmückten Zinnen. Hinter dieser Häuserzeile entstand bis 1904 die Hauptmarkthalle am Sassenhof, für die rund siebzig Häuser des alten Rheinviertels weichen mußten.
Die hier abgebildete enge Stelle zwischen den Bächen und dem Heumarkt mußten auch die Marktzüge der Vorgebirgsbahn auf ihrem Weg passieren. Wie diese Kleinbahn, so fährt auch der Straßenbahnwagen mit dem irreführenden Zielschild Schlachthof in Richtung Luxemburger Straße, allerdings über den Rothgerberbach und die Weyerstraße, und nicht wie der »feurige Elias« durch die Waisenhausgasse und die Trierer Straße.
Die Straßenbahnlinie wurde 1904 vom Südbahnhof parallel zur Vorgebirgsbahn bis nach Klettenberg (Sülzburgstr.) verlängert. [KSM]

Das Vorkriegs-Luftbild zeigt die Dimensionen der heute nicht mehr vorhandenen Markthalle auf dem Sassenhof sowie die Vorortbahn-Endhaltestelle aus den zwanziger Jahren auf dem nördlichen Heumarkt. [RBA]

SNÖCKER
COIFFEUR
Schlachthof
605
Tabak & Cigarren-Versandhaus
Herm. Beyer Uhrmacher.

Waidmarkt

Einen Teil der historischen Nord-Süd-Achse Kölns bildet diese Aufnahme ab: den Waidmarkt mit der romanischen Säulenbasilika St. Georg. Im Hintergrund ist das Dach der Markthalle am Beginn der Severinstraße auszumachen.
Die Linie 11 befindet sich auf ihrer Fahrt von Merheim (lksrh.), dem heutigen Weidenpesch, über Dom, Heumarkt, Mühlenbach, Chlodwigplatz nach Bayenthal. Auffällig ist die hohe Fahrleitung, wie sie im Kölner »Karnevalsgebiet« üblich war. Am rechten Bildrand sind Haltestellenschilder der Elektrischen zu erkennen. Wenige Jahre nach dem Entstehen der Aufnahme konnte der Verwaltungsbericht für diesen Bereich eine Besonderheit vermelden: »Auf eine Neuerung im Gleisbau möge an dieser Stelle hingewiesen werden, die ein besonderes Interesse beanspruchen dürfte. Sie betrifft den versuchsweisen Einbau einer elektrischen Weiche, die vom Wagen aus und ohne diesen halten lassen zu müssen, gestellt werden kann. Eine solche Weiche ist im Herbst 1907 auf dem Waidmarkt, wo die nach der Severinstraße führende Linie von der Rundbahn abzweigt, eingebaut worden. Nach Behebung einzelner anfänglich eingetretener Störungen hat sich die Weiche recht gut bewährt. Sie erspart die ständige Besetzung der Weiche durch einen Weichensteller; es wird sich daher der weitere Einbau entsprechender Weichen an geeigneten Stellen empfehlen.«
Über den römischen Straßenzug und die Bahn hinaus bietet das Bild weitere verkehrshistorische Anknüpfungspunkte, vor allem sei die Droschken-Haltestelle genannt: Ende der dreißiger Jahre des 19. Jahrhunderts wurde in Köln ein Droschkenverkehr eingerichtet, und im Jahre 1898 erschienen erstmals Taxameter-Droschken auf den Straßen der Domstadt. [KSM]

Bayenthal

Chlodwigplatz

Das Severinstor markiert die Südseite des mittelalterlichen Köln und beherrscht die Bonner Straße, wo der Fotograf Aufstellung genommen hat. In der Nähe dieses Tores beginnen die Ringe, deren Namen sich auf historische Epochen oder Herrscher beziehen. Auf den Ubierring (rechts) folgt hier vor dem Tor der Chlodwigplatz, benannt nach jenem Frankenkönig, der sich nach seinem Sieg in der Schlacht von Zülpich 496 taufen ließ. Links schließt sich der Karolingerring an.
Als erste Beiwagen für den elektrischen Betrieb benutzte man auch in Köln die teilweise recht neuen Pferdebahnanhänger weiter. Erst Mitte der zwanziger Jahre wurden die letzten Exemplare aus dem Verkehr gezogen. Wenn das Pferd im Straßenbahnbetrieb auch (praktisch) keine Rolle mehr spielte, so war es doch als Zugtier aus dem Straßenverkehr noch nicht wegzudenken, wie diese Ansicht mit Kutsche und Lieferwagen zeigt. Erkennbar sind hier aber zugleich die Umweltprobleme dieser Traktionsart. [KSM]

An der Endhaltestelle Ubierring posieren Straßenbahner zu einem Erinnerungsfoto.
Als die Stadtverordneten-Versammlung am 17. März 1905 über die »Errichtung einer Wartehalle nebst Telephonzellen und einer Bedürfnisanstalt am Ubierring« entschied, kam es zu einer Diskussion, ob man diese beiden Funktionen nicht (billiger) in einem Gebäude zusammenfassen könnte. »Der Oberbürgermeister: ›(…) Viel läßt sich jedenfalls nicht sparen. Haben Sie in Ihrem Leben schon Wartehallen mit Bedürfnisanstalten gesehen? In anderen großen Städten, wie in Brüssel oder Paris, hat man diese Verbindung auch nicht. Da hat man nette, kleine Wartehallen (…)‹«
Auch am Kaiser-Friedrich-Ufer im Norden sollte eine solche Einrichtung gebaut werden. »Kyll: ›(…) An der Bedürfnisanstalt am Ubierring haben wir, glaube ich, ein paar Jahre studiert. Das dauert viel zu lange.‹ Der Oberbürgermeister: ›Es hat aber auch einen Vorzug, wenn alles recht hübsch und nett gemacht wird. Aber, wie Sie hören, ist die andere Anstalt schon in Vorbereitung.‹«
Die abgebildete Wartehalle überstand zwar den Zweiten Weltkrieg, nicht aber den Modernisierungsdrang der Wiederaufbauzeit. [KSM]

Restaura
Nippes
hias Esser
619
Ringbahn
BAHNEN DER STADT KÖLN
Condito
Café

Sachsenring

Der Sachsenring, benannt nach dem ottonischen Kaiserhaus, war von einer großzügigen Villenbebauung gesäumt. Die Stadtseite prägte eine Grünanlage mit dem Rest des alten Baumbestandes, der sich entlang der mittelalterlichen Stadtmauer erstreckte.
Eine der beherrschenden Villen (links) bewohnte der Fabrikant Arnold Guilleaume, Inhaber der Firma Felten & Guilleaume, Hanfspinnerei und Bindfadenfabrik am Karthäuserwall.
Die beiden Familiennamen Felten und Guilleaume sind bis heute durch das Carlswerk in Mülheim bekannt. Die Kabelproduktion von F&G stellt in gewisser Hinsicht eine industrialisierte Fortsetzung der Seilerei-Tradition dar. Zur umfangreichen Produktpalette dieser Firma gehörten unter anderem »Trolleydrähte und Schienenverbinder (Rail-Bonds) für elektrische Bahnen«, wie es in der Beilage zur VDI-Festschrift von 1900 heißt.
Der Wagen der Querbahn kommt vom Chlodwigplatz und ist unterwegs in Richtung Nippes. Ein zusätzliches Schild verweist auf den »Anschluss nach der Sechzig«. Als Straßenname Sechzigstraße erinnert diese Bezeichnung noch heute an die 60 Morgen Land, die die Rheinische Eisenbahn für den Bau ihrer Werkstätte (das spätere Ausbesserungswerk Nippes) kaufen mußte. Der Hinweis auf einen Anschlußverkehr kann eine Datierungshilfe für das Foto bieten: Am 31. Dezember 1902 wurde der elektrische Betrieb auf der Neusser Straße aufgenommen. Die alte »Sechziglinie« der Pferdebahn zweigte an der Holbeinstraße von der Neusser Straße ab und führte weiter durch die Sechzigstraße bis zur Eisenbahn-Centralwerkstatt und dem Bahnhof Nippes. Sie wurde jedoch nicht elektrifiziert, sondern durch eine neue Radial-Verbindung vom Eigelstein über die Krefelder Straße zur Kempener Straße ersetzt. Im Verwaltungsbericht für das Etatsjahr 1902 (bis 31. März 1903) heißt es: »In der Stadtverordnetenversammlung vom 12. März 1903 wurde der Bau dieser neuen und der Fortfall der alten Linie beschlossen, worauf der Bau der neuen Linie sofort in Angriff genommen wurde.« Schon der nächste Verwaltungsbericht für 1903 vermeldet im Abschnitt über die städtischen Straßenbahnen: »Die Umwandlung des Pferdebetriebes in den elektrischen Betrieb wurde im Berichtsjahre beendet. Am Schlusse desselben wurden nur noch 2 Betriebsstrecken, die Omnibuslinie nach Cöln-Bickendorf und die Linie von Cöln-Nippes nach der Flora, mit Pferden betrieben. Der Bau der Linie durch die Weidengasse, Crefelder und Merheimer Straße wurde derart gefördert, daß diese Linie am 9. Juli 1903 dem elektrischen Betriebe übergeben und der Pferdebahnbetrieb auf der alten Sechziglinie eingestellt werden konnte.« [KSM]

Nippes
Anschluß
Sechzig

Barbarossaplatz

Der Barbarossaplatz ist der Ausgangspunkt der Luxemburger Straße (hinter dem rechten Wagen). Ursprünglich war er als Sternplatz ausgebildet, dessen Mitte ein Springbrunnen markierte. Auch diese Anlage fiel dem Ausbau der Ringe in den zwanziger Jahren zum Opfer, nach dem Zweiten Weltkrieg wurde der Barbarossaplatz zudem nach Südosten hin erweitert. [Siemens-Forum, München]

Diese Ansicht ist in einer weiteren Variante vorhanden. Auf ihr ist im Hintergrund die alte Vorgebirgsbahn, der »feurige Elias« zu erkennen. [Siemens-Forum, München]

Zool.Garten-Flora
Marktbahn
DROGERIE

Barbarossaplatz

Ein Wagen der beliebten Rundbahnlinie 18 biegt am Barbarossaplatz in den Hohenstaufenring ein. An der Christophstraße wird er die Ringe wieder verlassen und über die Gereonstraße das Bankenviertel Unter Sachsenhausen erreichen.
Im weiteren Streckenverlauf passierte die Rundbahn die Hauptpost An den Dominikanern und fuhr durch die Bahnhofstraße zur Trankgasse am Dom. An der Ostseite des Domes vorbei ging es durch die Straße Unter Taschenmacher zum Alter Markt und von dort zum Heumarkt. Über Malzbüchel, Malzmühle und die Bäche erreichte sie die Weißbüttengasse, wo sich bis zum Zweiten Weltkrieg die Direktion der städtischen Bahnen befand. Auch ein umgebautes Depot aus der Pferdebahnzeit, das im Bereich des ehem. Weißfrauenklosters errichtet worden war, hatte hier seinen Standort.
Die weitere Strecke der Rundbahn folgte zunächst dem Rothgerberbach, um anschließend durch die Weyerstraße den Barbarossaplatz zu erreichen. [KSM]

Ein Blick vom Wasserturm auf das im Krieg zerstörte Depot Weißbüttengasse. [HAStK]

CIGARREN
F. GUNTERMANN
Import CIGARREN Versand
Ochsenmetzgerei
S. MA
Rundbahn
634

Aachener Straße

Die schnurgerade Aachener Straße war die wichtigste Römerstraße nach Westen. Im Zuge der Stadterweiterung hatte man sie in der Neustadt mit Linden bepflanzt, die aber bei der Elektrifizierung der Straßenbahn wieder entfernt wurden.

Im Jahre 1911 wurde auf dieser Ausfallstraße, und zwar von der »Jägerstraße« bis zum Stadtwaldgürtel, eine Versuchsstrecke mit eigenem Bahnkörper angelegt. Bei der Neuverlegung der Gleise wurden diese schon damals in Rasen gebettet: »Das Gleis liegt auf Packlage in 2,90 m Achsabstand, und der Bahnkörper bildet als Grünstreifen eine Zierde der Straße. Gegenüber dem Vorteil, daß die Unabhängigkeit der Bahn vom Straßenverkehr eine höhere Fahrgeschwindigkeit erlaubt und eine größere Betriebssicherheit gewährleistet, daß ferner das Fehlen von Pflaster geringere Unterhaltungskosten verursacht, fällt der kleine Nachteil der Beschränkung des Querverkehrs über die Straße nicht ins Gewicht.« [Kayser, S. 207] [KSM]

abak & Cigarren-Lager v. Heinr. Ohrem.
Rhenania Bräu, Köln
Mülheim

Opernhaus

Aufwendig gestaltete öffentliche Gebäude säumten die Ringe. Während die Kirchen im Prinzip alle noch erhalten sind, überstanden nur wenige der großen Profanbauten den Zweiten Weltkrieg und die Wiederaufbauzeit. Auch das hier abgebildete neubarocke Opernhaus am Rudolfplatz wurde im Krieg beschädigt und in den fünfziger Jahren abgerissen. An seine Stelle trat das Hochhaus einer Versicherungsgesellschaft. Es sollte nicht zuletzt »einen Riegel gegen die dahinter befindlichen häßlichen Häuser der Gründerjahre« bilden, wie es seinerzeit hieß. [KSM]

DOM

Hohenzollernring

Der Fotograf stand vor dem Opernhaus, als er diesen Blick in den Hohenzollernring aufnahm.
Hier ist die Ringbahn unterwegs, die eine große Rolle im Straßenbahnnetz spielte.
Im Hintergrund ist das Haus Roeckerath an der Ecke Hohenzollernring/Limburger Straße zu erkennen.
Dieser Bereich wurde seinerzeit als Ansichtskartenmotiv in zahlreichen Varianten verbreitet. [KSM]

Ubierring
Café

Hohenzollernring

Zu den am häufigsten abgebildeten Teilen der Ringe gehört der Hohenzollernring zwischen der Flandrischen Straße und der Limburger Straße, aus welcher der rechte Triebwagen kommt.
Nicht nur die Häuser und die Oberleitungsmasten sind mit Dekorationen überzogen, sondern auch die Trinkhalle der Mineralwasserfabrik Carl Nebgen. Deren Büdchen waren überall im Kölner Stadtgebiet zu sehen. Joseph Stübben, der Planer der Kölner Neustadt, widmete der Architektur derartiger Zweckbauten ein eigenes Kapitel in seinem Werk »Der Städtebau«. Titel: »Die Baulichkeiten für Verkaufs-, Erholungs- und Verkehrszwecke«.[KSM]

In der Flandrischen Straße, hier eine Aufnahme aus den späten dreißiger Jahren, befand sich die Endhaltestelle der elektrifizierten Vorortbahn nach Frechen und Benzelrath. Das Eckhaus am Hohenzollernring hat seine Dachlandschaft teilweise eingebüßt, und auf den Fahrzeugen steht die neue Bezeichnung »Bahnen der Hansestadt Köln«. [KVB]

WILHELM ECKARDT.

Kaiser-Wilhelm-Ring, Hansaring

Den Abschluß des Kaiser-Wilhelm-Ringes und den Auftakt zum Hansaring bildete das als Laufbrunnen gestaltete Denkmal für den »ruhmreichen Neubegründer der Reiches«. In diesem repräsentativen Bereich der Ringe befand sich damals das »Technische Büreau Köln« der Firma Siemens & Halske.
Während die Villa Pfeifer an der Ecke Gladbacher Straße (links) und die Nachbarhäuser bereits Anfang der dreißiger Jahren dem neuen Allianz-Haus mit seiner glatten Fassade weichen mußten, wurde das Denkmal Kaiser Wilhelms I. erst im Zweiten Weltkrieg eingeschmolzen. [KSM]

Kaiser Wilhelm
Ubierring
441

Deutscher Ring mit Eigelsteintorburg

Das Eigelsteintor markiert das nördliche Ende des mittelalterlichen Köln und stellt damit das Gegenstück zum Severinstor dar. Im Gegensatz zu den anderen erhaltenen Toren am Chlodwigplatz und am Rudolfplatz wurde es städtebaulich weniger repräsentativ in die Neustadt einbezogen: Man hatte es als Verkehrshindernis angesehen und deswegen seine Niederlegung erwogen. Schließlich wurde es jedoch in enger Anlehnung an die Baubefunde und nach historischen Abbildungen wiederhergestellt. Mit seiner hölzernen Wurfgalerie bildet es einen auffälligen Kontrast zu den Gründerzeitbauten in Renaissanceformen. [KSM]

Ein Blick auf die Altstadtseite des Eigelsteintores. Das Bild zeigt die typische kleinparzellige Bebauung dieser mittelalterlichen Torstraße. [KVB]

Schmidt
Paul Schimke.
Nippes
657
CIGARREN.
Fernsprecher 3980

Deutscher Ring

Den Abschluß der Ringe bildete der Deutsche Ring mit seiner großen Grünanlage. Sie wurde z.T. im Bereich des ehem. Sicherheitshafens angelegt, der nicht bebaut werden konnte. Hinten links ist das Eckhaus an der Riehler Straße zu erkennen, an dessen Stelle nun ein Hochhaus steht.
Abhängig von den politischen Verhältnissen erhielt der westliche Teil des Deutschen Ringes im Laufe der Jahrzehnte diverse Namen: Platz der Republik, Adolf-Hitler-Platz, Deutscher Platz und zu guter Letzt 1950 Ebertplatz. Der zum Rhein hin gelegene östliche Teil trägt seit 1963 die Bezeichnung Theodor-Heuss-Ring. [KSM]

Auf die Zeit des Ersten Weltkrieges verweist diese Ansicht des Deutschen Ringes mit einem Militärtransport der Straßenbahn. [KVB]

CAFÉ RESTAURANT

Deutscher Ring

Die verschiedenen Teile der Ringe wiesen eine unterschiedliche Gestaltung auf, sowohl im Hinblick auf ihre Dimension als auch auf die Art der Bebauung und die Anordnung von Grünanlagen oder Bäumen. Einen besonders weiträumigen Eindruck vermittelte der Deutsche Ring am nördlichen Ende der Ringe. Das südliche Ende dieses Straßenzuges, der Ubierring, fehlt allerdings im Album von Siemens & Halske. Möglicherweise hängt dies mit der Tatsache zusammen, daß beim Entstehen dieser Aufnahmen die Gebäude an der Endhaltestelle der Ringbahn noch nicht vollendet waren.
Gut zu erkennen ist auf diesem Bild ein technisches Detail aus der Zeit oberirdisch gespannter Telefonkabel: »Die auf Kosten der Post ausgeführten Telephon-Schutzanlagen bestehen aus einem 80 cm über dem Fahrdraht geführten, mit Erde verbundenen [d.h. geerdeten] hartgezogenen Kupferdraht von 6 mm Durchmesser.« [Kayser, S.184] Die Notwendigkeit derartiger Anlagen wird in einer zeitgenössischen Abhandlung über »Die Oberleitung der elektrischen Straßenbahnen« folgendermaßen erläutert: »Da die verhältnismäßig hohe elektrische Spannung der Oberleitungen von 500 Volt den sie kreuzenden Schwachstromleitungen, insbesondere Telephondrähten, gefährlich werden kann, indem beim Reißen der Leitung ein Draht auf die Oberleitung fallen könnte, so hat man allgemein besondere Schutzvorrichtungen gegen diese Gefahr eingeführt, welche durch besondere Vorschriften festgesetzt sind und polizeilich überwacht werden. Man spannt zu diesem Zwecke entweder Schutznetze unter die Schwachstromleitungen oder bringt einen geerdeten Schutzdraht (...) über der Oberleitung nach dem System Siemens & Halske an.« Auch Schutzleisten aus imprägniertem Holz oder Gummi waren im Gebrauch. Sie wurden durch »kleine, auf die Drähte festgelötete messingene Reiter festgehalten«.
Auf Brände in den Telephonämtern in Dortmund, Barmen, Remscheid und Zürich wies dann auch der Leiter der Kölner Accumulatoren Werke Dr. Erich Sieg in seiner Streitschrift »Ueber elektrische Bahnen mit besonderer Berücksichtigung der Kölner Verhältnisse (…)« hin. Als weiteres Argument gegen den Oberleitungsbetrieb in Köln und für batteriebetriebene Straßenbahnen, wie seine Firma sie anbot, kam noch hinzu, daß die Fahrleitung »den Carnevalszug, die Krone des Kölner Hauptfestes, unmöglich macht (…)« [KSM]

Der Ubierring mit dem Bayenturm. [KVB]

321

Nördliches Rheinufer

In der Nähe des Nordbahnhofes der Straßenbahn entstand diese Aufnahme der Rheinuferstraße mit Promenade. Die Reklame des Kurfürsten-Gartens an der Ecke Frohngasse weist auf die Ausflugsziele im Norden der Stadt hin. In der Nachbarschaft von Zoo und Flora war die sog. Goldene Ecke als volkstümliches Vergnügungsviertel bekannt. [KSM]

Das ländlich wirkende Mülheimer Häuschen befand sich an der linksrheinischen Seite der Mülheimer Schiffbrücke. Die Aufnahme hält die niederrheinische Atmosphäre an der seit Ende 1906 bedienten neuen Endhaltestelle der Ringbahn fest. Die Stadtverordneten beschlossen damals, eine Verbindung zur Mülheimer Schiffbrücke durch eine Verlängerung der Ringbahn über die Riehler Straße herzustellen. Wegen der Probleme auf der rechtsrheinischen Linie nach Mülheim kam dieser Strecke eine besondere Bedeutung zu. Die ursprüngliche Planung hatte vorgesehen, die Uferbahn bis zum Mülheimer Häuschen zu verlängern. Hierdurch hätte diese Linie aber nicht mehr den Zoo angefahren, der sich zu einem Verkehrsknotenpunkt entwickelt hatte. [RBA]

Kurfürste Gärten.

Rudolf Schmidt

Vom Tragsessel zur Elektrischen: Kölner Nahverkehr zwischen Armenhaus, kapitalistischer Vereinigung und Verstadtlichung

Um die Jahrhundertwende übernahm die Stadt Köln die bis dahin private Pferdebahn, die 1877 eingerichtet wurde. Nach jahrelangem Tauziehen konnte endlich auch hier die »Elektrische« ihren Einzug halten. Die damals eingeleiteten Entwicklungen sollten für das Funktionieren der Großstadt von entscheidender Bedeutung sein.

Im Bereich der ehem. römischen Thermen wurde am Cäcilienkloster ein unterirdisches Umformwerk für die Versorgung der Elektrischen mit Gleichstrom errichtet. Außer Motorgeneratoren wurde hier auch eine »Pufferbatterie« zum Ausgleich des schwankenden Strombedarfs aufgestellt. [GEW]

»Köln befindet sich in einem Zustande der allgemeinen Umwälzung, überall wird das Pflaster aufgerissen, die Fahrbahnen verengt, der Verkehr nur noch mit Mühe aufrechterhalten. Die Fuhrwerke wissen kaum mehr durchzukommen, die Fußgänger sind froh, wenn sie an jeder Straßenecke nur einmal über Baugruben, Schutthaufen und Schienen hinwegvoltigieren müssen, und die Pferdebahn muß sich allmählich neue Notwege bauen lassen, entsprechend dem Fortschreiten des Straßen- und Gleisbaues für Kölns zukünftige elektrische Bahnen. Anfangs freuten sich die Bürger der endlich begonnenen Arbeit und sahen dann mit freudigem Staunen auf deren schnelles Vorwärtsschreiten. Seit Köln seine Heinzelmännchen verlor, ist in seinen Mauern nicht mehr so flink geschafft worden wie jetzt. Aber so ganz im Hurra ging es doch nicht, und als der Zustand der Zerstörung erst in Köln allgemein und überdies permanent wurde, da ging es den guten Leuten viel zu langsam, und jetzt hört man sie alle klagen über das schnelle Erkalten des anfänglichen Eifers.
Wahrlich, mit Unrecht! Es giebt nichts, was an Umfang, Schwierigkeit und Zeitdauer so sehr unterschätzt wird, als Tiefbauarbeiten.«
So wurden die Leser des Kölner Tageblatts am 21. August 1901 über »Die Elektrisierung der städtischen Strassenbahnen« informiert. Dabei blieben die Arbeiten nicht auf die Erneuerung der Gleisanlagen und die Montage der Oberleitung beschränkt.[1] Um den vom Elektrizitätswerk gelieferten Wechselstrom in Gleichstrom für den Betrieb der Straßenbahnen umzuwandeln, entstand mitten in der Stadt ein Umformwerk. Sein Dienstgebäude und die unterirdischen Hallen am Cäcilienkloster erinnern fast ein Jahrhundert später noch an die Anfänge der »Elektrischen«.

Postkarten hielten die neuesten Errungenschaften im Bild fest. So wurde diese Begegnung von Alt und Neu am Hahnentor 1902 als Ansichtskarte verschickt. [Slg. Ditgen]

Am 15. Oktober 1901 wurde der öffentliche Verkehr auf der Ringbahn und auf der Rheinbahn (oder Uferbahn) Dom-Flora aufgenommen, nachdem tags zuvor eine Pressefahrt stattgefunden hatte. In der Abendausgabe vom 15. Oktober berichtete der Stadt-Anzeiger über den ersten Betriebstag: »Die Eröffnung der beiden elektrisch betriebenen Straßenbahnlinien vollzog sich heute früh unter steigender Beteiligung des Publicums. Schon in aller Herrgottsfrühe fanden die schmucken Wagen ihre Fahrgäste und unter diesen stieg augenscheinlich mancher hinein, der sonst stets zu Fuß zu seiner Arbeitsstätte zu wandeln pflegt, in diesem denkwürdigen Falle jedoch dem Reize des Neuen nicht hat widerstehen können. Die Physiognomien der auf den Plattformen stehenden Fahrgäste zu beobachten, hatte seinen eigenen Reiz. Auf allen Gesichtern lag ein gewisser ›verklärter‹ Zug, vom stolzen ›cives Coloniensis sum‹ an bis zur intimen Empfindung des Vergnügens an der jetzt endlich verwirklichten Fahrt mit ›der Elektrischen‹.«[2]

Innerhalb der nächsten zwei Jahre wurde praktisch das gesamte Straßenbahnnetz »elektrisiert«.[3] Die letzte Pferdebahn fuhr allerdings erst am 22. Mai 1907 zwischen Flora und Nippes – auf einer Strecke, deren geringes Verkehrsaufkommen eine Elektrifizierung nicht rechtfertigte. Drei Jahrzehnte lang war die »Pädsbahn« somit in Kölns Straßen unterwegs gewesen.[4]

Vorläufer

Aus dem Jahre 1729 stammt diese Ansicht von St. Aposteln. Im Vordergrund bildete der Zeichner Cornelis Pronk eine Sänfte, auf kölsch »Potteschäs« genannt, ab. Diese Bezeichnung ist vom französischen Wort für Tragsessel abgeleitet. [KSM/RBA]

Die Anfänge des öffentlichen Personennahverkehrs in Köln liegen jedoch weit vor der Einrichtung der ersten Pferdebahnstrecken, nämlich im 18. Jahrhundert.
In dieser Zeit erschienen als ein Vorläufer der heutigen Taxis Sänften oder Tragsessel in den engen Gassen der Reichsstadt. Aus dem Jahre 1761 ist ein erneuertes »Reglement Und Ordnung Die Tragsesselen und deren Trägere betreffend« überliefert, aus dem hier zitiert wird. Bereits 1716 hatten die Provisoren des Armen-Hauses von »Einem Hoch-Edel- und Hochweisen Rath hiesiger freyen Reichs-Stadt« ein dauerhaftes Privileg erhalten, um auch in Köln Sänften einzuführen. In Paris gab es bereits ein Jahrhundert zuvor dieses öffentliche Verkehrsmittel. Die Berliner Sänften-Ordnung von 1688 ist dagegen nur knapp drei Jahrzehnte älter als das Kölner Privileg.[5] Die Einführung der Tragsessel sollte sowohl »zum Vortheil gleichgedachten Hauses, und besserem Auskommen der zur Erleichterung des gemeinen Wesens darin verpflegt werdenden Armen« dienen, als auch »zur bequäm- und Gemächlichkeit der Ein- und Ausheimischen Herrschaften« und der städtischen Bürger und Einwohner.

Die Erträge dieses Verkehrsmittels kamen zwar der Armenfürsorge zugute, wegen der hohen Tarife für die »Tragt« konnten sich jedoch nur Angehörige der wohlhabenden Oberschicht diese Beförderungsart leisten. In der 1761 erneuerten Tragsessel-Ordnung nehmen die Tarifbestimmungen breiten Raum ein. Das gesamte damalige Stadtgebiet – also die heutige Altstadt bis an die Stadtmauer – war in Teilstrecken, sogenannte Stationen, eingeteilt. Eine Entfernung, die heute zum Kurzstreckentarif zurückgelegt wird – etwa »Von S. Severins pfort bis auf den Weitmark« – kostete mit 10 Stübern etwa den halben Tagesverdienst eines Webers!
Wenn darüber hinaus »einige Herrschaften ein oder mehrere extra ordinäre kostbare Tragsesselen zu ihrem Gebrauch allein Anverlangen«, so waren diese »jederzeit gegen ein billig besonderes Heurgeld in dahiesigen Armen-Hauß aufm Holzmark[t]« zu haben. Nach diesem Komfort-Angebot findet sich am

Deo patrI, fILIo sanCtoqVe
fLaMInI sIt gLorIa.

REGLEMENT
Und Ordnung
Die Trag-Sesselen und deren
Trägere betreffend,
Mit Gnädiger Approbation und Bewilligung
Eines Hoch-Edelen und Hochweisen Rahts
Dahiesiger Käyserl. und Reichs freyen
Stadt Cölln am Rhein.

Auf Verlag und Kösten dahiesigen grossen Armen-Hauses/allwo dieselbe wie auch bey der Stadt Expeditions-Cantzeley, und Zeitlichen Hrn Adjudanten dahiesigen Bataillons gegen eine beliebige Allmuß jederzeit zu haben

Titelseite der erneuerten Tragsessel-Ordnung von 1761. [Köln-Edition]

Ende der gedruckten Tragsessel-Ordnung von 1761 wieder eine Gemeinsamkeit mit modernen Tarifübersichten oder Fahrplänen: Wo zeitgenössische Fahrgastinformationen im Kleingedruckten die Beförderungsbestimmungen wiedergeben, stehen dort Verhaltensanweisungen zur Vermeidung von Unfällen mit anderen Verkehrsteilnehmern wie Lastträgern und »Lehn-Kutscheren«.

Mit rund vier Quadratkilometern Fläche besitzt Köln zwar die größte mittelalterliche Altstadt Deutschlands, insgesamt gesehen waren die Entfernungen in der Stadt aber noch relativ kurz. Dies sollte sich erst im Laufe des 19. Jahrhunderts ändern, als sich Köln zur modernen Großstadt wandelte.[6]

Die Wacht am Rhein und die Großstadt

Diese Entwicklung wurde entscheidend von der Tatsache geprägt, daß die Stadt unter der preußischen Herrschaft ab 1815 zur Festung ausgebaut wurde. Die Preußen bedienten sich dabei auch der mittelalterlichen Stadtmauer: So erfuhren alte Torburgen, deren Architektur möglicherweise römischen Vorbildern folgte, unter preußischer Regie noch einen »bombenfesten« Ausbau. Vor der Mauer entstanden zusätzliche Forts, wie sie am Südbahnhof oder im Volksgarten noch heute zu sehen sind.[7]

Zum großen Problem für die Stadtentwicklung wurde Preußens Wacht am Rhein und der Festungsgürtel durch die Bevölkerungsexplosion im weiteren Verlauf des 19. Jahrhunderts. Von etwa 50.000 Einwohnern im Jahre 1820 stieg die Anzahl innerhalb des alten Mauerrings bis 1880 auf 145.000 an. Nun verschwanden die Freiflächen in der Nähe der Stadtmauer. Diese ehemaligen Gärten und Hofanlagen wurden parzelliert, durch neue Straßen erschlossen

Das Pantaleonstor besaß praktisch keine Verkehrsbedeutung. Erst für die 1844 eröffnete Bonn-Kölner Eisenbahn wurde es – nun als Teil der preußischen Festungsanlagen – wieder für den Verkehr geöffnet. [RBA]

und bebaut. Eine Ausdehnung der Bebauung vor die Stadtmauer war jedoch nicht möglich, denn im Rayon, dem Vorfeld der Festung, mußte das Schußfeld frei bleiben. Jenseits des Schußfeldes konnten sich allerdings Industriebetriebe und deren Arbeiter ansiedeln. So wuchsen in der zweiten Hälfte des 19. Jahrhunderts außerhalb der Stadtgrenzen industriell geprägte Vororte wie Ehrenfeld oder Bayenthal.

Es waren aber nicht nur die Bebauung und die Industrie, die von den Festungsbestimmungen beeinflußt wurden, sondern auch die neuen Verkehrseinrichtungen: Als 1839 der erste preußische Abschnitt der Eisenbahnstrecke nach Aachen und Antwerpen eingeweiht wurde, lag der Kölner Endbahnhof am T(h)ürmchen, also beim nördlichen Stromkopf der Stadtmauer in der Nähe des Sicherheitshafens. Noch ließ man keine Eisenbahn in die Festung hinein. Dies änderte sich erst, als 1844 die Strecke nach Bonn eröffnet wurde. Deren Endpunkt lag neben St. Pantaleon im Süden der damaligen Stadt. Um ihn zu erreichen, mußten die Züge allerdings ein mittelalterliches Stadttor passieren, das man zu diesem Zweck nach drei Jahrhunderten wieder für den Verkehr geöffnet hatte.

Durch den Bau dieser Kopfbahnhöfe entstand ein neues Verkehrsbedürfnis. Im Jahr der Fertigstellung der Strecke nach Aachen (1841) schlossen der Kaufmann Eduard Ritter und der Posthalter Joseph Pauli daher einen Vertrag mit der Rheinischen Eisenbahn-Gesellschaft über die Beförderung von Personen und Reisegepäck zwischen dem Stationsplatz und der Stadt mittels Wagen und Omnibussen. Im April 1842 wurde der Betrieb eröffnet, der auch Verbindungsfahrten zwischen dem Bahnhof und der Landungsstelle der Rheinschiffe umfaßte.

Auf der rechten Rheinseite in Deutz errichtete die Köln-Mindener Eisenbahn einen weiteren Kopfbahnhof. Außer der Schiffbrücke von 1822 erscheint auf einem Stadtplan für Touristen nun eine Dampffähre zwischen Deutz und dem Kölner Cäsar Wall (vor der Straße »Am Frankenthurm«). Erst 1859 wurde eine feste Eisenbahn- und Straßenbrücke am Dom, die sog. Mausefalle, in Betrieb genommen. Der seinerzeit eröffnete Central-Personenbahnhof neben dem Dom und die anschließende Bahnstrecke waren die Vorläufer der heutigen Bahntrasse quer durch die nördliche Altstadt.[8]

Darstellungen der ersten Kölner Pferdebusse finden sich u.a. in der Werbung großer Hotels, hier eine Abbildung mit den Schiffsanlegern am Leystapel. Auch auf Weinetiketten des Hotels Disch tauchen sie auf. [aus: Altkölner Bilderbuch]

Es galt jedoch nicht nur, Reisende zu den Hotels in der Stadt zu befördern, die Verkehrsbeziehungen zwischen der Stadt und den wachsenden Vororten mußten ebenfalls dringend verbessert werden. Auch Zoo und Flora, beides Freizeiteinrichtungen des gehobenen Bürgertums, lagen weit außerhalb der Stadtmauern. Seit dem 7. August 1864 bestand daher eine »regelmäßige Omnibusfahrt« von der Severinstraße über die Hohe Straße (damals Hochstraße genannt) zum Zoologischen Garten. Die Busse wurden jedoch auch für den Verkehr innerhalb der Stadt genutzt. »Daß die Fahrzeit nicht immer so pünktlich eingehalten werden konnte, wie gewünscht wurde, daran tragen unsere engen Straßen, namentlich die Hochstraße, die größte Schuld«, vermeldet die Chronik im Adreßbuch.[9] In diesen Jahren entstanden auch Omnibusverbindungen etwa nach Nippes und Ehrenfeld. »Das Omnibuswesen hat damals den Wünschen des Publikums nicht in ausreichendem Maße entsprochen, da vielfach Klagen laut wurden, die sich infolge der Uneinigkeiten zwischen den Fuhrunternehmern verstärkten.«[10] Die Straßenbahn sollte diese Verbindungen bald verdrängen.

Schienenpersonennahverkehr

In den siebziger Jahren des 19. Jahrhunderts begannen erste Verhandlungen über den Bau von Pferdebahnstrecken im Raum Köln. Zahlreiche Offerten belegen, daß sich die – vielfach belgischen – Unternehmer in Köln gute Geschäfte versprachen. Die Pläne wurden von den städtischen Verantwortlichen allerdings nur reserviert aufgenommen, denn »[m]an blieb der alten Gewohnheit treu, alles auf die lange Bank zu schieben, um erst dann an eine Prüfung heranzugehen, wenn das Feuer, um es so zu sagen, schon an den Nägeln brannte«.[11]

Am Hahnentor passierten die vom Westen kommenden Pferdebahnstrecken die Stadtbefestigung, um zu ihrem Endpunkt auf dem Neumarkt zu gelangen. [KSM/RBA]

Schließlich eröffnete im Jahre 1877 die vorwiegend mit belgischem Kapital ausgestattete Gesellschaft des Kölner Weinhändlers und Konsuls der Republik Peru Ernst Hardt ihre erste Linie. Diese Strecke der »Pferde-Eisenbahn E. Hardt & Cie.« verband die Orte Deutz und Kalk auf der rechten Rheinseite und verlief damit außerhalb des damaligen Stadtgebiets. Deutz wurde erst 1888 eingemeindet, und im damals aufstrebenden Industriestandort Kalk sollten die drei Jahrzehnte eigener Stadtgeschichte erst 1910 enden.[12]

Die Chronik »Zur Geschichte der Stadt Köln« für 1877 in Greven's Adreßbuch berichtet über die verkehrstechnische Neuerung und ihre Vorgeschichte:
»Die Anlage von Pferde-Eisenbahnen ist, in Folge der energischen Thätigkeit der Vororte und des Unternehmers E. Hardt früher zur Wirklichkeit geworden, als vielfach erwartet wurde.
Der genannte Unternehmer hat von der Militärbehörde die Erlaubnis zur Benutzung des Hahnenthores zur Anlage der Bahn nach Ehrenfeld, Melaten und Lindenthal, des Eigelsteinthores zur Durchfahrt nach Nippes und des Severinsthores zur Durchfahrt nach Bayenthal erhalten und die Königl. Regierung resp. die Provinzial-Verwaltung in Düsseldorf hat die Anlage der Pferdebahn auf den betreffenden Bezirks- und Staatsstrassen gestattet. Städtisches Eigenthum wird dabei nicht berührt und hatte also die städtische Behörde keine Gelegenheit, bei der Ertheilung der Konzession mitzuwirken. Am 18. Mai fand schon die erste Probefahrt auf der Strecke Deutz-Kalk statt. Am 5. März begannen die Arbeiten bei Ehrenfeld zur Verbindung dieser Vorstadt mit Köln und am 1. Mai wurden auf der Nordseite des Neumarktes, wo sich die Endstation befindet, die Arbeiten der Schienenlegung in Angriff genom-

men. Nach Eröffnung der Strecke Köln-Ehrenfeld entwickelte sich bald ein lebhafter Verkehr, welcher allerdings in der engen Hahnenthorpassage mit großen Hindernissen zu kämpfen hat.«[13] Auch die erst 1914 eingemeindete Stadt Mülheim a.Rh. wurde durch eine Pferdebahn mit Deutz verbunden.[14]

Eigentlich wollte der Fotograf die gotischen Häuser am Mühlenbach vor ihrem Abriß für die Nachwelt festhalten, als ihm ein Sommerwagen der Rundbahn ins Bild fuhr. Diese Linie folgte ursprünglich im wesentlichen der römischen Stadtmauer, deren Südseite hinter den Häusern verlief. [KSM/RBA]

Einer Pferdebahn in den engen Straßen der Altstadt hatte man zunächst reserviert gegenübergestanden. So wurde in der Stadtverordneten-Versammlung vom 27. September 1877 eine Eingabe von Bewohnern des Eigelsteins verlesen: »Dem Vernehmen nach sollen auch wir Anwohner der Straße auf dem Eigelstein mit einer Pferdebahn beglückt werden; wir möchten jedoch die Herren Vertreter der Stadt darauf aufmerksam machen, 1. daß es uns, den Geschäftsleuten dieser Straße, gar nicht lieb ist, wenn die Leute so mir nichts, dir nichts an unsern Thüren vorbeifliegen, Leute, welche sonst bei uns einkehrten und uns in Nahrung setzten. Die fragliche Einrichtung mag im Interesse der Vororte Kölns sein, sie mag auch einen Centralpunkt schaffen, dem alles zuströmt und der unsere Nahrung absorbiert, sie mag auch im Sinne des gewiß klugen Unternehmers sein – im Gesamtinteresse der Bürgerschaft ist sie nicht, und nur dieses, so hoffen wir, vertreten die Herren Stadtverordneten. 2. Bekanntlich gibt es keine Straße in Köln, welche so mit Fuhrwerk belastet und überlastet wird, wie der Eigelstein (…) Kinder und Erwachsene gerathen nicht selten in Lebensgefahr, und nun soll diese Gefahr noch vergrößert werden (…) 3. Es wird den Herrn Stadtvertretern nicht unbekannt sein, wie schwer es schon jetzt den meisten Bürgern fällt, die Steuern herbeizuschaffen, und es wäre dankbar anzuerkennen, wenn etwas geschähe, die Geschäfte zu heben. Das geschieht aber durch die Pferdebahn gewiß nicht, und jene Orte, wo sie besteht, wünschen sie nach dem Pfefferlande.
Wir können daher auch nicht umhin, das hochgeehrte Stadtcollegium ergebenst zu bitten, den Eigelstein von dem wenig beneidenswerten Glück einer Pferdebahn auszuschließen, weil wir überzeugt sind, daß sie unsern Geschäften schadet, die Straße resp. den Verkehr stört und die persönliche Sicherheit gefährdet.« Nicht verlesen wurde in der Sitzung eine Eingabe von Anwohnern der Severinstraße, sie »stimme dem Inhalt nach mit der mitgetheilten überein und scheine auch von der nämlichen Hand geschrieben worden zu sein«.[15]

Die so von interessierter Seite geäußerten Bedenken konnten die Entwicklung jedoch nicht aufhalten und knapp zwei Jahre nach der Eröffnung der ersten Straßenbahnstrecken wurde der Bau innerstädtischer Linien ausgeschrieben. Die Stadtverordneten übertrugen 1879 Frédéric de la Hault aus Brüssel die Ausführung. Nun entstand die (engere alte) Rundbahn, die etwa dem Verlauf der römischen Stadtmauer folgte, und eine Linie zum Zoologischen Garten (Zuckerberg).[16]

Im Adreßbuch von 1881 erscheint diese Firma unter der Bezeichnung »Société Anonyme du Tramway de Cologne«, die Anschrift lautete Maximinenstr. 24. In seinen Erinnerungen »Kindheit am Rhein« schildert Carl Oskar Jatho, Jahrgang 1884, die Eindrücke, die sich ihm auf dem Weg zur Schule in dieser Straße hinter dem Hauptbahnhof boten: »Man trabte dann über das grasdurchwachsene Pflaster der Domstraße zur Maximinenstraße, wo sich das erste Großstadtwunder bot: ein Stall der Pferdebahn, in dem die Pferde auf einem sanften Serpentinenweg in ihre Gemächer auf dem zweiten und dritten Stock spazierten. Und immer wieder sah man sie an den Fenstern der einzelnen Stockwerke mit ihren schönen gepflegten Köpfen erscheinen.«[17]

Das von C.O. Jatho geschilderte Gebäude der Pferdebahn in der Maximinenstraße. Der »Dombahnhof« wurde nicht für den elektrischen Betrieb weiterbenutzt, sondern an den städtischen Fuhrpark übergeben. [KVB]

Zwischen den beiden privaten Bahngesellschaften kam es von Anfang an zu Wettbewerbsstreitigkeiten. Um sie zu beenden, fand 1882 die Verschmelzung der Firmen statt. Da das belgische Kapital vorherrschte, lautete die offizielle Bezeichnung der neuen Straßenbahn-Gesellschaft »Société Anonyme des Tramways de Cologne«. Ihr Sitz war in Brüssel, das Domizil in Köln. Bis in die neunziger Jahre hinein waren die gedruckten Geschäftsberichte der »Kölnischen Strassenbahn-Gesellschaft« in Französisch verfaßt, der damaligen Sprache der belgischen Bourgeoisie. Außerdem wurden die Betriebsergebnisse in belgischen Franken ausgewiesen.[18]

Die Einrichtung der Straßenbahnstrecken bedeutete zwar eine Vergrößerung der Mobilität, der Kreis der potentiellen Fahrgäste wurde jedoch durch die vergleichsweise hohen Tarife eingeschränkt. Ein Arbeiter, der die Bahn für den Weg zur Arbeit und zurück nutzen wollte, hätte rund ein Zehntel seines Lohnes (oder etwa die Hälfte seiner Mietaufwendungen) für das Fahrgeld ausgeben müssen. Die Verhältnisse für das Personal der privaten Pferdebahngesellschaft waren z.B. hinsichtlich Einkommen und Arbeitszeiten nicht besser als in anderen Bereichen der Wirtschaft. Ein Schlaglicht auf die Verhältnisse wirft die Tatsache, daß weniger als ein Zehntel der Einnahmen für Löhne aufgewendet wurde. Die Fütterungskosten der Pferde lagen freilich etwa zweieinhalb mal so hoch wie die Personalkosten.[19]

In der Zeit als die neue Verkehrsgesellschaft entstand, bahnte sich eine tiefgreifende Veränderung im Kölner Stadtbild an. Ab 1881 wurde die große mittelalterliche Mauer, die sieben Jahrhunderte lang die Stadt umschlossen hatte, geschleift. Um die Altstadt herum entstand die halbkreisförmige Neustadt, die von den sechs Kilometer langen »Ringen« durchzogen wird.

Das Ende der Festung Köln war mit dem fast vollständigen Abriß der Stadtmauer allerdings noch nicht gekommen. Vielmehr mußte die erste neuzeitliche Stadterweiterung wieder mit einem Befestigungsgürtel versehen werden.

Zwischen Schildergasse und Obenmarspforten befuhren die Doppeldeck-Pferdebusse der Kölner Omnibus-Gesellschaft die Hohe Straße. Deren Aussehen wurde in den neunziger Jahren des 19. Jahrhunderts bereits von der »Citysierung« geprägt: Geschäfte, Büros und Vergnügungsstätten drängten die Wohnfunktion in Teilen der Innenstadt zurück. [RBA]

Die vorgelagerten Industrie- und Wohnviertel führten in Verbindung mit der Entwicklung der Militärtechnik diese Anlagen freilich bald ad absurdum, so daß sie bereits vor dem ersten Weltkrieg aufgegeben wurden. Bezeichnungen wie »Eifelwall« oder »Bonntor« sowie der unbebaute Innere Grüngürtel erinnern noch heute an diese Episode der Stadtgeschichte.[20]

Auf ihrer Fahrt nach Sülz passierten die beiden hier verkehrenden Linien am Zülpicher Tor die Befestigungsanlagen, die die Neustadt einschlossen. Dieser »Blick auf die Zülpicher Tordurchfahrt von der Luxemburger Umwallung aus gesehen« entstand am 7. August 1913. [KSM/RBA]

Die Entwicklung der Neustadt und weitere Eingemeindungen in der Umgebung führten natürlich zu einer Erweiterung des Straßenbahnnetzes. Nachdem bereits im April 1889 die Strecke vom Salierring über die Ringe bis zum Zoologischen Garten und zur Flora eröffnet worden war, fuhr die Ringbahn seit 1890 über diesen neuen Prachtboulevard bis zum Chlodwigplatz. Im Jahre 1897 erreichte das Pferdebahnnetz mit einer »Betriebslänge« der Linien von 62,8 km seine größte Ausdehnung.[21]

Wegen der Verkehrszunahme wurde 1891 abermals ein konkurrierendes Pferdebus-Unternehmen konzessioniert. Zu den genehmigten Strecken gehörte die Verbindung Ehrenfeld-Neumarkt-Schiffbrücke. Es gab noch keine durchgehende Ost-West-Achse mitten durch die Altstadt, und so befuhren die Doppeldeck-Busse auf dem Abschnitt zwischen Schildergasse und Obenmarspforten wieder die enge Hohe Straße. Auch die Kölner Omnibus-Gesellschaft konnte indes dem Wettbewerb der Pferdebahn nicht standhalten und gab bereits 1894 wegen mangelnder Erträge den Betrieb auf. Die Adreßbuch-Chronik hält das Ende dieser Firma fest: »Am 15. März [1894] stellte die Kölner Omnibus-Gesellschaft wegen ungenügender Rentabilität ihre Fahrten zwischen Ehrenfeld und Köln ein und veräußerte sodann ihr Inventar.«[22] Die letzte Kölner Pferdebuslinie verkehrte auf der Strecke Ehrenfeld-Bocklemünd. Diese bereits Ende der achtziger Jahre eingerichtete Verbindung bestand – zuletzt unter städtischer Regie – noch bis 1917 fort. Bereits im Februar 1916 hatte die Direktion der Städtischen Bahnen beantragt, »unter dem Zwange der Verhältnisse (Mangel an Pferden) den Omnibusbetrieb Ehrenfeld-Bocklemünd einzuschränken oder ganz einzustellen«. Den niedrigen Einnahmen stünde ein ziemlich hoher jährlicher Verlust gegenüber, zudem werde der Bus seit der Einrichtung der günstigen Staatsbahnverbindung nur noch wenig benutzt. Auf dem Bahnhof Ehrenfeld waren zu diesem Zeitpunkt sechs Pferde untergebracht, von denen eines täglich dem Turmwagen zur Verfügung stand. Die übrigen fünf wurden »tourenweise für den Omnibus benutzt und zwar so, daß immer vier der Feuerwehr zur Verfügung« standen. Der Oberbürgermeister war jedoch der Ansicht, daß »eine Aufhebung des Omnibus-Verkehrs (...) z.Zt. nicht angebracht« erscheint. Dazu kam es erst, als im Sommer 1917 der Straßenbahnbetrieb zum Westfriedhof aufgenommen wurde.[23]

»Feurige Elias«

Die Eröffnungsfeier der Vorgebirgsbahn auf dem Brühler Markt. [KSM]

In den neunziger Jahren erschienen außerdem meterspurige Dampfbahnen auf Kölns Straßen. Seit 1893/4 verband die Kleinbahn Cöln-Frechen, die spätere Köln-Frechen-Benzelrather Eisenbahn, diese beiden westlich gelegenen Ortschaften mit der Stadt. Ihre Kölner Endstation befand sich am Rande der Altstadt in der Schaafenstraße. Im Gegensatz zum Personenverkehr wurde der Güterverkehr zum Bahnhof Ehrenfeld mit Normalspurfahrzeugen abgewickelt. Daher fuhren die Züge von Lind bis Benzelrath auf einer drei- bzw. im Bahnhof Frechen sogar vierschienigen Gleisanlage.

Als zweite derartige Kleinbahnstrecke wurde 1897/8 die Vorgebirgsbahn von Bonn nach Köln eröffnet. Sie bot den Bewohnern der abseits der Eisenbahn gelegenen Ortschaften eine direkte Verbindung in die Nachbarstädte. Von besonderem Belang war sie für die Bauern aus dieser Obst- und Gemüsegegend. Durch den Rückgang von Anbauflächen in Stadtnähe und durch das Bevölkerungswachstum hatte deren Bedeutung für die Versorgung der Großstadt noch zugenommen. Während die Züge normalerweise in der Nähe des Barbarossaplatzes in der Neustadt endeten, dampfte der »feurige Elias« für den Marktverkehr auf Meterspurgleisen sogar bis zum Heumarkt. Die Züge fuhren durch die Trierer Straße, die Waisenhausgasse sowie über die Bäche zum damals wichtigsten Marktplatz. Auch die wenige Jahre später in seiner Nachbarschaft errichtete Hauptmarkthalle am Sassenhof konnte so bedient werden.[24]

Vor dem Frechener Bahnhof präsentiert sich der »feurige Elias« mit seiner Kastendampflok dem Fotografen. Solche verkleideten Dampfloks waren charakteristisch für Bahnen, deren Gleise (zumindest teilweise) auf der Straße verliefen. Der alte Frechener Bahnhof gehört neben der Fassade des Mülheimer Pferdebahndepots zu den ältesten baulichen Relikten des Schienenpersonennahverkehrs im Kölner Raum. [Stadtarchiv Frechen]

Die »Elektrisierung«

Im Jahre 1881 setzte Werner Siemens in Lichterfelde (bei Berlin) die erste elektrische Straßenbahn der Welt in Betrieb. Im folgenden Jahrzehnt begann vielerorts der Siegeszug der Elektrizität auch im Stadtverkehr. Im Februar 1890 wurde in Köln der Bau eines städtischen Elektrizitätswerks beschlossen. Auf dem Gelände des Wasserwerks am Zugweg sollte ein Kraftwerk mit fortschrittlicher Wechselstrom-Technik entstehen, mit dessen Bau im April begonnen wurde.[25]

Auch über eine »Elektrisierung« der Kölner Straßenbahn begann man nachzudenken. Die Adreßbuch-Chronik berichtet: »Im Juni [1896] erfolgte ein Ausschreiben seitens der Stadt betreffend die Anlage und den Betrieb elektrischer Bahnen durch Unternehmer auf den Linien: 1) Rheinuferstraße von der Stadtgrenze bei Marienburg bis zur Frohngasse und Riehlerstraße, 2) Rosenstraße, Josephstraße, Paulstraße, Martinsfeld, Pantaleonstraße, Poststraße, Peterstraße, Lungengasse, Fleischmengergasse, Neumarkt Ost- und Nordseite, Richmodstraße, Berlich, Mohrenstraße, Klingelpütz, Plankgasse, Weidengasse oder Hamburgerstraße, Gereonswall, Greesbergstraße und Deutscher Ring bis Rheinuferstraße, 3) Trutzenberg, Eifelstraße, Hönningerweg bis Komarweg, 4) Neumarkt, Mittelstraße, Benesisstraße, Ehrenstraße, Maastrichterstraße, Vogelsangerstraße bis Heliosstraße, 5) Weidengasse, Krefelderstraße, Krefelderthor, Merheimerstraße bis Merheim [linksrheinisch]. Anerbieten waren bis zum 7. November einzureichen.«[26]

Und am 7. November 1896 wurden die »Anerbieten eröffnet«. Fast die gesamte deutsche Elektroindustrie, die sich seinerzeit mit dem Bau elektrischer Bahnen beschäftigte, findet sich in der Adreßbuch-Chronik als Anbieter wieder. Es erscheinen die Firmen Singer & Co (Berlin), eine aus den Firmen Siemens & Halske, Helios und Havestadt & Contag (Königl. Bauräthe) bestehende Gruppe, eine aus der Kölnischen Straßenbahn-Gesellschaft, der Union-Elektricitäts-Gesellschaft (Berlin) und Schuckert (Nürnberg) bestehende Gruppe, und die Allgemeine Elektricitäts-Gesellschaft (Berlin). In den Akten zur I. Submission – eine zweite folgte im Jahr darauf – finden sich weitere Anbieter, die Vorschläge für bestimmte Teilaspekte unterbreiteten. So offerierte die Firma Eduard Lachmann aus Hamburg eine unterirdische Stromzuführung.

Im Januar 1898 verfaßte der Betriebsinspektor des städtischen Elektricitätswerkes Wilhelm Tellmann einen »Bericht über die Prüfung der Angebote für den Bau und Betrieb der ausgeschriebenen elektrischen Straßenbahnlinien in der Stadt Köln«. Als fünfter Anbieter, der »auf Grund des Ausschreibens vom 15. Juni 1896« eine Offerte eingereicht hatte, erscheint in seiner Aufstellung die sächsische Firma Kummer & Cie zusammen mit dem einheimischen Akkumulatoren-Hersteller Gottfried Hagen.[27]

Um sich über das neue Verkehrsmittel und die zweckmäßigste Rechtsform für das Unternehmen zu informieren, wurde im Januar 1897 durch Stadtbaumeister Stübben eine »Rundfrage über elektrische Straßenbahnen in anderen Städten« gestartet. Gefragt wurde nach den Eigentumsverhältnissen, dem Betrieb und den Erfahrungen mit den jeweiligen Eigentums- und Betriebsverhältnissen. Insbesondere die Frage, ob die Straßenbahn in kommunaler Regie betrieben werden sollte, war ein heiß diskutiertes Thema. Stübben schrieb die Kollegen in Aachen, Altenburg (S.A.), Altona, Bamberg, Barmen, Berlin, Bernburg, Bochum, Braunschweig, Bremen, Bromberg, Cassel, Chemnitz usw. bis Zwickau an: »Zu Gegendiensten stets bereit, gestatte ich mir um sehr gefällige, recht baldige Ausfüllung und Rücksendung des beiliegenden Fragebogens ergebenst zu bitten.« Den Antworten wurden mitunter gedruckte Vertragstexte oder Berichte über die Betriebserfahrungen beigefügt. Einige Städte mußten jedoch passen. So schrieb der Magistrat der Haupt- und Residenzstadt Schwerin i.M. am 12. Januar 1897: »Ueber die in dem geehrten Ersuchen vom 7.d.M. – B. Journ. Nr. 7454 – gestellten Fragen, betreffend elektrische Straßenbahnen, bedauern wir eine Antwort nicht ertheilen zu können, weil hier noch keine elektrische Straßenbahn besteht.«[28]

Rechtsfragen

Bis die »Elektrische« durch Köln rollte, sollte es allerdings noch bis 1901 dauern. Die Ursache dafür waren juristische Schwierigkeiten mit der Pferdebahngesellschaft, die bis vor das Reichsgericht getragen wurden. Nachdem im Etatsjahr 1897 (1. April 1897 – 31. März 1898) u.a. »für die in Aussicht genommenen elektrischen Straßenbahnen der pachtweise Betrieb öffentlich ausgeschrieben« worden war, mußte die Angelegenheit bis zur Klärung der Rechtsfragen ruhen.

Nach dem Oberlandesgericht (26.10.1897) fällte das Reichsgericht am 29.3.1898 sein Urteil: Die Stadt durfte keine neuen Linien bauen, welche eine Konkurrenz zu den Strecken darstellten, die der Pferdebahngesellschaft genehmigt worden waren. Deren Genehmigungen endeten zwar teilweise

1902 bzw. 1904, zum Teil liefen sie aber noch recht lange: für innerstädtische Linien noch bis 1916 und in der Gemeinde Müngersdorf sogar bis 1924. Jedoch war es auch der Gesellschaft ohne städtische Zustimmung versagt, die Gewinn-Möglichkeiten des elektrischen Betriebs auszunutzen.[29]

Das Gericht hatte andererseits festgestellt, daß die Stadt Köln sehr wohl berechtigt wäre, eine Straßenbahn mit elektrischem Betrieb anlegen und betreiben zu lassen. Im »Bericht über den Stand und die Verwaltung der Gemeinde-Angelegenheiten der Stadt Köln für das Etatsjahr 1898«[30] heißt es, daß aufgrund der Entscheidung des Reichsgerichts der Bau und Betrieb der folgenden beiden elektrischen Straßenbahnlinien beschlossen wurde: a) eine Rheinuferlinie vom Ubierring zur Trankgasse[31], b) eine Stadtlinie, die an der Rosenstraße abzweigen sollte und über Martinsfeld, Poststraße, Neumarkt, Richmodstraße, Klingelpütz, Gereonswall zum Deutschen Ring und weiter über die Rheinuferstraße bis zur früheren Grenze der Bürgermeisterei Longerich führen sollte. Als Standort für den Betriebshof war der Bereich zwischen Severinswall und Ubierring vorgesehen.

Die richtige Spur

Im Hinblick auf die enge Kölner Altstadt sollte die Elektrische auf Meterspurgleisen verkehren. Im »Gutachten der Commission für Eisenbahn- und Verkehrsfragen, gemäß den Berathungen vom 9., 16. und 31. Dezember 1896« wird hierzu ausgeführt:

»9. Die Spurweite soll 1 m betragen.
In den engen Straßen der Stadt Köln hat die breite Spur von 1,435 m, welche von der Eisenbahn übernommen ist, keine Berechtigung. Sie erschwert die Unterbringung der Gleise, behindert die Einlegung von Kurven und vertheuert den Oberbau. Für die Fahrzeuge und Motoren ist die Spurweite von 1 m gemäß den Erfahrungen völlig ausreichend. Die Einführung elektrischer Außenbahnen in die Stadt wird dadurch erleichtert.«

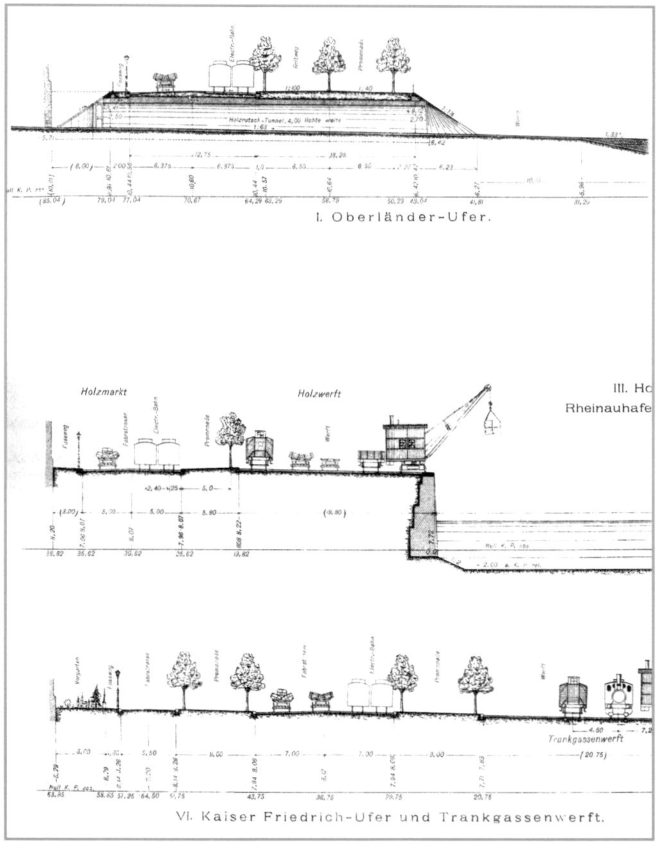

Aus dem Buch »Neue Werft- und Hafenanlagen zu Köln« stammen diese Querschnitte durch die Rheinuferstraße mit den Hafenanlagen und der projektierten schmalspurigen »elektrischen Bahn«.

Demzufolge wurden im Mai 1899 Gleispläne für die projektierte Schmalspurstraßenbahn in Köln erstellt, die sich im Stadtarchiv erhalten haben. Auch in anderen Städten gab es ähnliche Überlegungen, wobei »Tendenzen, die auch vom Ministerium der öffentlichen Angelegenheiten in Berlin gefördert wurden« gleichfalls eine Rolle spielten. Was Straßenbahndirektor Dr. Ing. Otto Kayser so zurückhaltend umschreibt, war die Angst der Staatsbahn vor Konkurrenz durch den Güterverkehr auf Straßenbahnstrecken in Gegenden mit einem dichten Eisenbahnnetz. Die Folge solcher Erwägungen war, daß in einer Reihe von Städten bei der Elektrifizierung die Normalspur durch die Meterspur ersetzt wurde.[32]

Am 9. November 1899 war im Kölner Stadtanzeiger zu lesen: »Endlich scheint es nun wirklich ernst zu werden mit den längst ersehnten elektrischen Bahnen. Wie wir bereits kurz mitteilten, ist der Anfang insoweit gemacht, als ein größeres Quantum Rillenschienen auf dem Frankenwerft neben dem Stapelhaus angefahren worden ist.« In diesem Bereich hatte sich bis zur Umgestaltung der Hafenanlagen und des Rheinufers der Zollhafen befunden. Mitte November 1899 fand hier das denkwürdige Ereignis statt, über das im Kölner Tageblatt vom 16.11.1899 unter der Überschrift »Die erste Schiene« wie folgt berichtet wurde: »(...) Heute Nachmittag 3 Uhr wurde offiziell mit der Streckung der Geleise der elektrischen Bahn begonnen und zu diesem denkwürdigen Akte hatten sich Herr Beigeordneter Minten, Stadtbaurat Steuernagel, Herr Direktor Joly, die Mitglieder der Straßenbahn-Kommission, der bauleitende Ingenieur Kopf, ein Mitglied der Firma Havestadt & Contag, Herr Ingenieur Jänsch von der Firma Siemens & Halske u.a. eingefunden. Beigeordneter Minten begrüßte die Erschienenen und führte in kurzer Rede aus, daß der heutige Akt nicht den Anfang eines bedeutenden Unternehmens bilde, da es sich vorerst nur um zwei kleine Strecken handle, die Rheinuferbahn vom Ubierring bis zur Trankgasse mit einer Abzweigung von der Rosenstraße (durch Josephstraße, Paulstraße, Martinsfeld, Pantaleonstraße, Poststraße, Fleischmengergasse, Neumarkt, Richmodstraße, Mohrenstraße, Klingelpütz, Gereonswall, Greesbergerstraße) zum Deutschen Ring und weiter bis zur alten Gemeindegrenze von Köln-Longerich (Worringerstraße). Aber der heutige Akt habe doch insofern große Bedeutung, als die Stadt Köln damit, dem Beispiel anderer Städte folgend, in andere Bahnen als bisher getreten sei. Während die Verkehrslinien früher kapitalistischen Vereinigungen überlassen wurden, werde Köln nunmehr das Verkehrswesen selbst in die Hand nehmen. Die kapitalistischen Vereinigungen hätten zuerst ihr eigenes Interesse gewahrt, während bei der Stadt der Verkehr in erster Linie komme und Verbindungen geschaffen würden, wo sie jetzt nicht möglich seien. Nebenbei hoffe die Stadt ja auch, aus dem Unternehmen Gewinn zu erzielen zur Entlastung der steuerzahlenden Bürger. Der Redner sprach zum Schluß die Hoffnung aus, daß dieses Unternehmen sich gut entwickeln und reiche Früchte bringen möge, und befestigte dann am ersten Geleisstoß die Verbindung mit einem blanken Schraubenbolzen unter dem Spruche: Mit Gottes Beistand zur Hebung und Förderung des Verkehrs und zum Wohle der Stadt Köln. Stadtbaurat Steuernagel fügte einen weiteren Bolzen ein mit den Worten:

Anfang schwer, hoff' Ende gut
Nimm, Gott, dies Werk in Deine Hut!

Dann folgten die anderen Herren, und jeder schraubte einen der zwölf Bolzen fest und sprach ein kerniges Sprüchlein dazu. An der Stelle der einfachen Feier aber erhoben sich drei hohe, wappengeschmückte Masten, an denen kölnische Banner lustig im Winde flatterten.
Die Rheinuferbahn wird zweigeleisig; jeden Tag gedenkt man, etwa 50 Meter Doppelgleise herzustellen. Die jetzt zur Ausführung stehende Strecke ist etwa 2 1/2 Kilometer lang; sie wird ausgeführt von den vereinigten drei Firmen Siemens & Halske, Berlin – Havestadt & Contag, Berlin-Wilmersdorf und Helios, Köln-Ehrenfeld. Die Gleisverlegung lassen Havestadt & Contag durch hiesige Unternehmer ausführen. Die ganze Bahnanlage untersteht selbstverständlich Herrn Stadtbaurat Steuernagel, unter ihm wirkt Herr Ingenieur Kopf als städtischer Bauleiter.«

Am 4. Januar 1900 konnte Siemens & Halske an das »Tiefbauamt der Stadt Koeln« schreiben: »Die uns durch Vertrag vom 6.XI.99 übertragenen Gleisverlegungsarbeiten der elektrischen Strassenbahn am Frankenwerft zwischen Trankgasse und Friedrich-Wilhelm-Strasse in Köln sind fertiggestellt bis auf etwa 30 lfd.m Doppelgleis, deren Verlegung durch den plötzlich eingetretenen starken Frost unmöglich wurde.« Nun bat man um eine Abschlagszahlung. Sie sei an Havestadt & Contag zu überweisen, da die Gleisverlegung zu den Arbeiten gehörte, die aufgrund eines Abkommens zwischen den beteiligten Firmen von dieser geleistet würden.[33]

In Betrieb genommen wurde die Uferbahnlinie der Straßenbahn allerdings erst am 1. Mai 1902, und zwar in Normalspur. Lediglich die Tatsache, daß hier ein leichteres Schienenprofil verlegt worden war, erinnerte noch an die Kölner Schmalspurpläne. Im Verwaltungsbericht für das Etatsjahr 1900 heißt es zu dem zwischenzeitlich eingetretenen Gesinnungswandel: »Bei nochmaliger Prüfung der Spurfrage kam die Verwaltung zu der Überzeugung, daß die Normalspur für die Kölner Verhältnisse überwiegende Vortheile hat. Es wurde daher die Schmalspur, welche früher beschlossen war, fallengelassen und die Beibehaltung der Normalspur für die städtischen Straßenbahnen sowohl wie für die Vorortbahnen beschlossen. Die Gründe für die Einführung dieser Spur sind in einer besonderen Denkschrift dargelegt, auf die deshalb hier verwiesen wird.«[34]

Otto Kayser führt dazu in der Festschrift »Die Bahnen der Stadt Cöln« von 1913 aus: »Es ist das Verdienst der Herren H. Géron und Scheidtweiler, die wirtschaftlichen Vorteile der Normalspur, die in der Vereinheitlichung der Spurweite und in der künftigen Einführung des Güterverkehrs auf einem Teil des städtischen Bahnnetzes im Anschluß an die Staatsbahn gegeben waren, rechtzeitig in ihrer vollen Bedeutung erkannt und gegen alle Widerstände mit Erfolg zur Geltung gebracht zu haben. Heute, nach mehr als 13jährigem Bestehen der städtischen Bahnen kann festgestellt werden, daß die Wahl der Normalspur sich als die wirtschaftlich und technisch einwandfreieste Lösung der Frage erwiesen hat.«[35]

Wie zu erwarten, wurde dieser Gesinnungswandel auch in einem Karnevalslied von 1903 aufgegriffen und entsprechend kommentiert:

»We en Köln de Pferdebahn
Avgeschaff sollt wäde,
Fing mer met de Schienen an,
Reß se uus der Äde.
Neue wodten angelaat,
Asphalteet de Gasse;
Doch, we alles wor parat,
Däät et nirgends passe.
Un et gingk widder vun neuem loß.
We se dat öftersch hatte gedon,
Woßten se schleeßlich, we et moot gon.
Jo, wann en Saach en Gang kummen eß,
Geit se och wigger, dat eß geweß.«[36]

Die »Verstadtlichung der Strassenbahnen«

Ein Blick durch die »Mausefalle«, rechts ein Teil der neuen Hohenzollernbrücke. [RBA]

Inzwischen war wieder mit der Straßenbahngesellschaft über die Bedingungen einer Übernahme durch die Stadt verhandelt worden. Unter dem Eindruck der rechtlichen Verhältnisse, die zu einer gegenseitigen Blockade hätten führen können, kam schließlich eine Einigung zustande. Der Verwaltungsbericht für das Etatsjahr 1899[38] konnte den Abschluß eines Vertrages verkünden, »nach welchem die Stadtgemeinde Köln das gesammte Unternehmen der Gesellschaft mit Wirksamkeit vom 1. Januar 1899 ab übernommen hat.
Der Vertrag wurde am 2. Januar 1900 abgeschlossen und nach erfolgter Genehmigung durch die Generalversammlung der Actionäre der Gesellschaft und die Stadtverordneten-Versammlung am 6. März 1900 notariell beurkundet.« Bis Ende März 1900 führte die Gesellschaft den Betrieb noch auf Rechnung der Stadt weiter, bevor diese ihn am 1. April, also zu Beginn des neuen Haushaltsjahres, übernahm. Ein gutes Jahr danach wurde im Juni 1902 mit der Brückenbahn über die »Mausefalle« (Dombrücke) die erste Verbindung von links- und rechtsrheinischem Netz in Betrieb genommen. Mit Rücksicht auf die beengten Verhältnisse auf der Brücke durfte die größte Wagenbreite seinerzeit höchstens 2,1 m betragen.[39]

Die Kostenaufstellung für die Kommunalisierung der Straßenbahn weist im Verwaltungsbericht insgesamt rund 20 Millionen Mark als »Entgelt für die Uebertragung des gesammten Unternehmens«, für das übernommene Inventar und für Immobilien im Falle ihrer Übernahme aus. Immerhin: »Durch die Uebernahme des Straßenbahnunternehmens hat die Stadt volles Verfügungsrecht über ihr Straßennetz erlangt; sie ist dadurch auch frei geworden von den zum Theil lästigen Concessionsverträgen, welche ihr für den Bau neuer Linien enge Grenzen setzten.« Für die Elektrifizierung des Netzes mußten noch einmal rund 14 Millionen Mark aufgewendet werden.[40]

Die Verhandlungen mit der Pferdebahngesellschaft, der Vertrag und besonders die hohe Abfindungssumme für die Konzession führten zu erregten Reaktionen. Sie fanden ihren Niederschlag nicht nur in Bürgerversammlungen und Zeitungsartikeln, sondern auch im folgendem Straßenbahn-Gedicht vom Februar 1900. Unter dem Titel »Kölner Leben und Ereignisse« griff der Stadt-Anzeiger in dieser Form die städtischen Ereignisse auf:[41]

HABEN ODER NICHT HABEN?

»Es liegt 'ne Stadt am grünen Rhein,
›Boven allen Steden schoyn‹:
Des Rheinlands Metropole!
Wie lebts sich's dort so wohle!
Die Leute haben Geld wie Heu,
Sie schwimmen stets in Narretei,
Und dennoch liegt ein Schatten,
Ein tiefer auf Kölns Matten,
Dieweil man mit der Straßenbahn
Noch nicht elektrisch fahren kann,
Die Mägdlein und die Knaben,
Die möchten das gern haben.

In Aachen, Essen kann seit Jahren
Schon jedermann elektrisch fahren.
Doch nur in Köln gemütlich
Fährt man noch vorsündflütlich;
Drum hört sich's ganz plausibel an,
Zu kaufen schnell die Pferdebahn,
Elektrisch sie zu treiben
Und Herr im Haus zu bleiben.
Und ist die Summe auch nicht klein -
Geld gibt's genug in Köln am Rhein.
Drum schrei'n sie wie die Raben:
Hurra, wir woll'n sie haben!

Doch ach, ein Riß, ein tiefer, klafft
Jetzo durch Köllens Bürgerschaft,
Und plötzlich kommt zu Haufen
Erregt halb Köln gelaufen,
Nimmt schleunigst einen Antrag an:
Nicht zu erstehn die Pferdebahn,
Und mit den Millionen
Die Bürger zu verschonen.
Gewohnt nur stets an Überschuß
Macht uns ein Deficit Verdruß,
Drum weg von diesem Graben -
Wir wollen sie nicht haben!

So wogt der Kampf nun hin und her
Ein jeder gerne Sieger wär,
Der Stadtrat nun bleibt eisig,
Stillschweigend denkt er bei sich:
Ob ihr euch auch das Haar zerrauft,
Die Pferdebahn wird doch gekauft,
Dieweil der große Minten
Beweist von vorn bis hinten,
Daß uns ein riesiger Profit
Daraus ganz sicher erblüht.
Der soll uns köstlich laben!
Drum wollen wir sie haben.«

Kölner Probleme: Die fünfte Jahreszeit

Bei der Elektrifizierung galt es auch, ein ziemlich kölsches Problem zu bewältigen.[42] Die schließlich gefundene Lösung verlieh der Kölner Straßenbahn ein charakteristisches Aussehen.

Eine elektrische Straßenbahn muß die benötigte Energie zugeführt bekommen. Wenn man nicht auf Akkumulatoren oder eine aufwendige unterirdische Stromzuführung zurückgreifen konnte oder wollte, bediente man sich zu diesem Zweck einer Oberleitung. Und dies war z.B. aus optischen Gründen nicht immer unumstritten. Auch in Köln hätte es, den Submissionsbedingungen von 1896 zufolge, am Neumarkt, am Eigelsteintor und an den Ringen Streckenabschnitte ohne oberirdische Stromzuführung geben sollen.[43] Mancherorts (etwa in München) liefen Ästheten oder Künstler Sturm gegen eine derartige Verschandelung des Stadtbildes mit Masten und vor allem mit Drähten. In Köln kam eine weitere opponierende Interessengruppe hinzu: Hier waren es die Karnevalisten, die sich – freilich aus einem anderen Grund – Sorgen machten: Würden die hohen Prunkwagen beim Rosenmontagszug noch durch die Stadt rollen können?

Sie konnten, denn die Elektrische bekam überlange Lyrabügel. Doch zitieren wir Otto Kayser in der Festschrift »Die Bahnen der Stadt Cöln« von 1913: »Eine eigentümliche Schwierigkeit trat bei der Betriebsumwandlung im Innern der Stadt insofern auf, als bekanntlich in Cöln regelmäßig am Karnevalsmontag ein Faschingszug [!] durch die Straßen der Altstadt geführt wird, in dem der Cölner Humor ausgiebig zur Geltung kommt und der sich daher eines großen Anklanges auch außerhalb Cölns erfreut. Weil aber die Höhe der im Zuge geführten Wagen über die Normalhöhe der elektrischen Leitungen von Straßenbahnen erheblich hinausging, so sah man sich genötigt, die Leitungen im Innern der Stadt, wo der Zug sich bewegte, auf das Mindestmaß von 7,0 m über Erdboden zu heben und die Triebwagen mit entsprechend langen Stromabnehmern auszurüsten.«[44]

Die Sülzerbahn trug die Liniennummer 19. Sie befuhr die Strecke Neumarkt-Im Laach-Mauritiussteinweg-Mauritiuskirche-Jahnstraße-Zülpicherstraße-Gottfriedstraße-Berrenratherstraße, Ecke Sülzburgstraße. Auf der Abbildung kommt der überlange Lyrabügel besonders zur Geltung. [Siemens-Forum, München]

Das »kölsch Schaffnerleed« von 1906, hier ein Ausschnitt, braucht lediglich ein paar Zeilen, um denselben Sachverhalt zu schildern:

»Un wo Rusemondag dä Zog sich bewäg,
Sin huh üvverspannt alle Stroße;
Doh geit unse Bügel direck pielopprääch,
Dann heisch et flöck: Koht nohgeloße!
Jo, Schön'res gevve
Deit et wal nix op Äd,
Als wann durch't Levve
Mer elektrisch gefahre weed!«[45]

Letztendlich sollte sich der Oberleitungsbetrieb mit Bügelstromabnehmern allgemein durchsetzen. Die Angebotsunterlagen für die Kölner Elektrische spiegeln jedoch noch die ganze Bandbreite möglicher Lösungen wider, die damalige Hersteller für dieses Problem bereithielten. So wurde neben dem Oberleitungsbetrieb mit verschiedenen Stromabnehmertypen für manche Bereiche eine unterirdische Stromzuführung oder »Schuckert'sche Contaktknöpfe« empfohlen. Auch ein reiner oder gemischter Akkumulatoren-Betrieb wurde ins Gespräch gebracht.[46] Die Verantwortlichen entschieden sich schließlich für die Oberleitung und die Schleifbügel, wie sie bei Siemens-Bahnen in der Regel benutzt wurden. In der Kölner Innenstadt wurden Mannesmannrohrmaste mit gußeisernen Sockeln aufgestellt. Maste und Ausleger waren mit zeittypischen Dekorationen verziert, um nicht als Fremdkörper zu wirken.[47]

Zu den Bereichen, auf die es bei der Elektrifizierung der Straßenbahn Rücksicht zu nehmen galt, gehörte nicht nur das »Karnevalsgebiet«, sondern auch die Domumgebung. Zunächst hatte sich das Metropolitan-Kapitel im Dezember 1901 nicht zur Frage einer Zustimmung für die Aufstellung von Masten äußern wollen. Mit Schreiben vom 16. Dezember 1901 übermittelte das Domkapitel jedoch der Stadt eine positive Nachricht, allerdings mit einem kleinen Änderungsvorschlag: »In Erwiderung der gefälligen Zuschrift vom 12 dss. Mts. – J.Nr. B 5721 – theilen wir ergebenst mit, daß in der heutigen Sitzung des Metropolitan-Kapitels durch Mehrheitsbeschluß die Aufstellung der Maste der elektrischen Straßenbahn auf den Brüstungspfeilern der Domterrasse an der Trankgasse vom Metropolitan-Kapitel auf Widerruf gestattet worden ist. Jedoch halten wir es für erforderlich, daß zunächst die Genehmigung der kirchlichen Aufsichtsbehörde bzw. des Hochwürdigsten Herrn Erzbischofs von uns eingeholt werde und sprechen zugleich den Wunsch aus, daß eine mehr mit dem Stile des Domes übereinstimmende Zeichnung der Maste entworfen und dem Metropolitan-Kapitel vorgelegt werde.«[48]

Aus den Fehlern anderer gelernt

Unter den deutschen Großstädten war Köln die letzte, in der die elektrische Straßenbahn ihren Einzug hielt. Ein Grund zum Feiern war dies nicht, rückblickend ließen sich darin freilich Vorteile entdecken: »Wenn die Stadt Cöln die letzte gewesen ist unter den deutschen Großstädten, die auf ihrem Straßenbahnnetz elektrischen Betrieb einführte, so bot ihr dieser Umstand dafür auch die Möglichkeit, aus den Fehlern und Erfahrungen anderer Bahnen zu lernen und ihr Bahnnetz von vornherein so auszugestalten, daß es den Interessen des Verkehrs in gleicher Weise wie den Interessen einer wirtschaftlichen Betriebsführung genügen konnte«, heißt es bei Kayser.[49]

Die letzte Pferdebahn auf der Strecke Flora-Nippes. [KSM]

Als am 22. Mai 1907 die Pferdebahnstrecke Nippes-Flora nach längeren Debatten eingestellt wurde, war man sich der historischen Bedeutung des Ereignisses bewußt. Der Stadt-Anzeiger berichtete am nächsten Tag: »Die letzte Fahrt des letzten Kölner Pferdebahnwagens hatte gestern abend eine tausendköpfige Menschenmenge angelockt, die in Nippes an der Ecke der Neußer und Wilhelmstraße, hell beschienen von den mächtigen Bogenlampen des Bluhmschen Kaufhauses, des Kommenden harrte. Um 9 1/2 Uhr langte der Pferdebahnwagen, begleitet von einer unabsehbaren feurigen Linie von Fackelträgern, an. Die Gärtner der Flora hatten es sich nicht nehmen lassen, den Wagen mit Fähnchen und frischem Grün sowie mit einer Fülle von Flieder, Rotdorn und Goldlack gar prächtig herauszuputzen, und vielfarbige Seidenbänder zierte[n] die Peitsche des Kutschers. Die Kapelle des Riehler Hauses spielte einen fröhlichen Marsch, der Nippeser Quartett-Verein sang ein liebliches Maienlied und die planmäßige Abfahrtszeit war gekommen (...)« Dem Wagen mit den »Damen und Oberbeamten der Straßenbahnverwaltung« folgte ein Fackelzug. »Den Schluß machte der Verein Elektra, bestehend aus den an der Oberleitung der Bahn beschäftigten Leuten, in einem mit vier stolzen Schimmeln bespannten offenen, reich geschmückten Kremser.« Das Ende der Fahrt wurde von einem Feuerwerk begleitet. »Die stadtkölnische Pferdebahn ist damit endgültig abgetan. Das Bessere ist der Feind des Guten auch hier gewesen. Die neue Verbindung Nippes-Riehl durch Automobilomnibusse kommt erst nach dem vollständigen Umbau der Wilhelmstraße in Frage.« Diese Nachfolgeverbindung konnte erst am 20. Dezember 1907 eröffnet werden und sollte keinen langen Bestand haben.

Einer der beiden Motoromnibusse, die auf der Strecke Flora-Nippes fuhren. Während einer durch einen Benzinmotor angetrieben wurde, geschah dies bei dem anderen durch eine Kombination von Benzin- und Elektromotor. Er war von der Firma des ehem. Helios-Mitarbeiters Heinrich Geist geliefert worden. [KVB]

Während man bei der Elektrischen im Grunde genommen auf bewährte Produkte zurückgreifen konnte, war die Technik der Motoromnibusse noch nicht ausgereift.[50] Der Verwaltungsbericht schildert den Automobilomnibusbetrieb und seine Probleme: »Es sind für diesen Zweck zwei Omnibusse beschafft worden, der eine von der Süddeutschen Automobilfabrik Gaggenau, der mit Benzinmotor betrieben wird, der andere [mit der Nr. 1] von der hiesigen Fabrik E. H. Geist, der mit einer Kombination von Benzin- und Elektromotor ausgerüstet ist. Der Betrieb wurde am 20. Dezember eröffnet. Die Strecke ist 1930 m lang (...) Leider haben auch hier, wie in anderen Städten, die Hoffnungen, die man auf das neue Verkehrsmittel setzte, sich nicht erfüllt. Die Reparaturen und Erneuerungen an den Wagen sind so umfangreich gewesen, daß der Betrieb mehrfach hat unterbrochen werden müssen, und die Kosten sind ganz außerordentlich hoch gewesen. Wenn auch immerhin ein Teil der Reparaturen auf Rechnung der Neuheit der Konstruktion zu setzen ist, so läßt sich doch schon erkennen, daß auch der regelmäßig zu erwartende Verschleiß aller Teile sehr groß bleiben wird.«[51]

Wie die alten Pferdebahn-Bahnhöfe in Rodenkirchen und Köln-Nippes, so wurde auch der in Mülheim für den elektrischen Betrieb nicht weiterbenutzt. Für 29.000 Mark verkaufte man ihn an die Stadtgemeinde Mülheim; seine Fassade schmücken noch heute zwei Pferdeköpfe. [RBA]

Bereits vor der Aufnahme des Betriebs hatte man für den Busverkehr mit etwa den dreifachen Betriebskosten einer Straßenbahn gerechnet. Auf den Faktor der Gummibereifung wurde in diesem Zusammenhang besonders hingewiesen, man wollte aber die eigenen Erfahrungen abwarten. Ähnlich ungünstig wurde die Wirtschaftlichkeit der »gleislosen Bahnen«, also der frühen Oberleitungsbusse, beurteilt.

Als die Stadtverordneten-Versammlung im Mai 1908 über die Verlängerung der Linie in Nippes bis zum Eisenbahnübergang an der Sechzigstraße entscheiden sollte, war absehbar, daß die Verbindung unrentabel bleiben würde. Zu einer Aufgabe der Linie mochte man sich aber noch nicht durchringen. Hierzu kam es erst, nachdem am 27. Januar 1909 der Wagen der Firma Geist, »weil nicht den vertraglichen Anforderungen entsprechend«, zurückgegeben worden war und der andere Bus wegen einer Reparatur aus dem Betrieb gezogen wurde. Daher ruhte seit dem 10. Februar 1909 der Automobilomnibusverkehr.[52]

Die ersten Wagen der Kölner Elektrischen sollten sich als wesentlich langlebiger erweisen. Die letzten umgebauten Vertreter dieser Bauserien dienten als Arbeitswagen und wurden erst Anfang der sechziger Jahre verschrottet. Als ein Jahrzehnt später das Traditionsbewußtsein erwacht war, konnten die Kölner Verkehrsbetriebe in Bonn noch einen weitgehend bauartgleichen Triebwagen von 1902 erstehen.[53]

Selbst die Anhänger der Pferdebahn hatten nach der Elektrifizierung noch nicht alle ausgedient: Manche wurden als Beiwagen der Elektrischen weiterbenutzt, andere verkauft. Keiner der Anwesenden bei der letzten Fahrt der Pferdebahn wird damit gerechnet haben, daß gut 90 Jahre später eine der ältesten Kölner Straßenbahnen in den Niederlanden wieder auftauchen würde. Der Wagen, vermutlich 1878 von der Waggonfabrik Herbrand in Ehrenfeld gebaut, war 1903/4 nach Den Haag verkauft und für den Beiwagenbetrieb der Elektrischen hergerichtet worden. Nach seinem Einsatz hinter Triebwagen in Den Haag gelangte er zu einer Dampftram in der Provinz Limburg. In den zwanziger Jahren verkauft, diente er als Aufenthaltsraum für Waldarbeiter und geriet schließlich in einem Garten in Vergessenheit, bis Straßenbahnfreunde ihn wiederentdeckten und zur musealen Erhaltung nach Den Haag zurückholten.[54]

Anläßlich der »letzten Ausfahrt« entstand das Gruppenbild am Mülheimia-Brunnen, Ecke Mülheimer Freiheit/Krahnenstraße. Ein derartiger Anhänger, der 1903/4 nach Den Haag verkauft worden war, wurde Ende 1997 in den Niederlanden wiederentdeckt und von einem Verkehrsmuseum geborgen.

[KVB]

Industriegeschichte

Die Verspätung, mit der die Elektrische 1901 auf Kölns Straßen erschien, ist um so auffälliger, als die Kölner Industrie auf dem Gebiet der elektrischen Bahnen schon vor der Jahrhundertwende sehr aktiv war und auch danach an manch bemerkenswerter Entwicklung Anteil hatte. Erinnert sei an die legendären »Badewannen« der Straßenbahn Bonn-Bad Godesberg-Mehlem. Diese vierachsigen Niederflur-Beiwagen aus dem Jahre 1914 verschwanden erst anderthalb Jahrzehnte nach dem Zweiten Weltkrieg.[55]

Andere Aspekte der Kölner Industriegeschichte gerieten dagegen in Vergessenheit: Wenn man einmal das Fehlen der (zahlenden) Fahrgäste außer acht läßt, hielt die Elektrische nämlich schon wesentlich früher ihren Einzug in Köln – und zwar nicht nur als Industrieerzeugnis, sondern auch als fahrendes Versuchsobjekt.

Herbrand

Die 1866 begründete Ehrenfelder Waggonfabrik P. Herbrand, das spätere LHB-Werk Köln (bis 1930)[56], war ein bedeutender Waggonbaubetrieb. Neben Personen- und Güterwagen jeder Art für Voll- und Kleinbahnen entstanden hier bereits frühzeitig Anhänger für Pferdebahnen und Dampfstraßenbahnen.

Diese Produktpalette erweiterte sich abermals, als die elektrische Traktion aufkam. Nur ein Jahr nachdem bei Berlin die erste elektrische Straßenbahn der Welt in Betrieb gesetzt worden war, begann 1882 südlich von Wien der Bau der ersten elektrischen Bahn Österreich-Ungarns. Die 4,5 km lange Strecke von Mödling nach Hinterbrühl wurde 1883-1885 abschnittsweise eröffnet. Als Lieferant ihrer ersten Triebwagen wird neben der Elektrofirma Siemens der Kölner Waggonbauer Herbrand genannt.[57]

War im Verlauf der achtziger Jahre lediglich eine Handvoll elektrischer Straßenbahnen in Deutschland entstanden, die zum Teil nur als Versuchsstrecken dienten, so begann sich das neue Verkehrsmittel in den neunziger

WAGGONFABRIK-ACTIENGESELLSCHAFT
vorm. P. HERBRAND & Co.
KÖLN-EHRENFELD.

GESAMTANSICHT DES WERKES.

In der Nachbarschaft der Eisenbahnstrecke Köln-Aachen dehnte sich das Werksgelände der Waggonfabrik Herbrand aus. [aus: Köln und seine Bauten]

Jahren auszubreiten. Nun baute ein Teil der 1.300 bis 1.400 Herbrand-Beschäftigten Triebwagen für Bahnen, die z.B. von der Union Elektricitäts-Gesellschaft oder der AEG elektrifiziert wurden. Diese beiden Unternehmen konnten auf amerikanische Erfahrungen beim Bau elektrischer Straßenbahnen zurückgreifen.

Bis zur Übernahme durch die Breslauer Linke-Hofmann Werke 1917 hatte die Waggonfabrik AG vorm. P. Herbrand & Cie etwa 43.500 Eisenbahnfahrzeuge und 6.700 Straßenbahnwagen geliefert.[58]

Helios

Die benachbarte Ehrenfelder Firma Helios befaßte sich nicht nur mit der Herstellung von Elektroanlagen, Leuchttürmen u.ä., sondern ebenfalls mit Straßenbahnen bzw. deren elektrischer Ausrüstung. So drehten auf dem Helios-Gelände an der Venloer Straße bereits elektrische Straßenbahnwagen ihre Runden auf einer Versuchsstrecke, als jenseits der Werksmauer noch die Pferdebahn fuhr. In einer aufwendigen Werbeschrift von 1900 heißt es dazu: »Kurz, auf allen Gebieten, wo der Helios sich mit neuen Problemen beschäftigt, ist es ihm gelungen, ebenso eigenartige als zweckentsprechende Lösungen zu finden. (...) Auf dem Gebiete des elektrischen Strassenbahnwesens sei der Einführung des sogenannten ›Duplex-Wagens‹ gedacht, der sich infolge der Verschiebbarkeit seiner Seitenwände in wenigen Minuten von einem geschlossenen Wagen in einen offenen Wagen verwandeln lässt und umgekehrt. Ferner sei an das eigenartige Oberleitungsmaterial, das System der Stromabnahme, die Helios-Wirbelstrombremse, die Systeme für Teilleiterbetrieb und unterirdische Stromzuführung, die Helios-Controller usw. erinnert,

Auf der dreischienigen Versuchsstrecke des Helios in Ehrenfeld drehte der »Duplex-Wagen« seine Runden. [aus: Der Helios in den Jahren ...]

Einrichtungen, die sich auf den vom Helios gebauten Strassenbahnen, wie in Altona, Braila, Landsberg a.d. Warthe, Como etc. aufs beste bewährt haben.«[59]

Neben Siemens & Halske sowie Schuckert lieferte der Helios für einen Teil der ersten Kölner Triebwagen die elektrische Ausrüstung. 1913 – knapp ein Jahrzehnt nachdem die Firma in der Folge des konjunkturellen Einbruchs 1900 in Liquidation gegangen war – urteilte allerdings der Straßenbahn-Direktor Otto Kayser: »Bis auf die Motoren der Helios A.-G., und abgesehen von einzelnen Verbesserungen, die im Laufe der Zeit durchgeführt wurden, hat sich das Material bewährt und arbeitet heute noch trotz der ungleich größeren Anforderungen, die an dasselbe gestellt worden sind, einwandfrei.«[60] Dementsprechend vermeldet etwa der Verwaltungsbericht für 1912: »Ferner erfolgte die Auswechselung der alten Helios-Motore gegen starke Wendepolmotore der Siemens-Schuckert-Werke in 25 Triebwagen.«[61]

Kölner Accumulatoren Werke

Auch auf der rechten Rheinseite waren Unternehmen auf dem Straßenbahnsektor tätig: Die Kölner Accumulatoren Werke (KAW) beschäftigten sich nicht nur zeitweise mit dem Bau von Elektroautos, sondern auch mit batteriebetriebenen Schienenfahrzeugen. So empfahl die Firma von Gotttfried Hagen in Kalk auch für die Kölner Straßenbahn einen Akku-Betrieb. Hingewiesen wurde dabei auf die Stadt Hannover, wo der Batterie-Betrieb seinerzeit in der Innenstadt praktiziert wurde.

Gemeinsam mit der Elektricitätswerke Actien-Gesellschaft (vorm. O.L. Kummer & Cie) aus Niedersedlitz boten die Kölner Accumulatoren Werke der Stadt eine batteriebetriebene Straßenbahn an. Dem Angebot von August/September 1897 wurden auch einige Fotos von ausgeführten Projekten der Firma Kummer beigefügt. Eines von ihnen (mit dem Stempel der KAW) zeigt jedoch keine normale Straßenbahnlinie, sondern eine Versuchsstrecke in der Nachbarschaft einer Fabrik. Hier dreht ein Akku-Triebwagen mit einer Aufschrift der Kölner Accumulatoren Werke die Runde.

Näheren Aufschluß über die Anlage gibt ein in gedruckter Form überlieferter Vortrag des »Elektrikers« Dr. Sieg. Der Firmenleiter der KAW hielt ihn bereits am 17. Februar 1897 bei der Elektrotechnischen Gesellschaft zu Köln:
»Das Versuchsfeld befindet sich auf einem Grundstück hinter unserer Fabrik (...) Das 1 Meter Spurweite besitzende Gleis setzt sich aus einem in sich geschlossenen Ringe und einem in den Wagenschuppen führenden Strange zusammen, deren Verbindung durch eine doppelzungige Weiche bewirkt wird.« Auf der spielzeughaft wirkenden Strecke wurden verschieden enge Kurvenradien und Steigungen nachgestellt. »Der von der Elektricitäts-Aktien Gesellschaft vormals Kummer & Co bezogene Wagen ist extra stark gebaut, um auch Versuche mit den schwersten Batterien ausführen zu können.« Die Akkus waren unter den Sitzen des Wagens angeordnet.

So fuhr auch in der Industriestadt Kalk bereits in der Pferdebahnära versuchsweise eine Elektrische – ein Umstand, der völlig in Vergessenheit geraten war.[62] Die Kölner Accumulatoren Werke von Gottfried Hagen hatten übrigens nichts mit der Accumulatoren-Fabrik Aktiengesellschaft Hagen i.W. zu tun. Ein Streit über die mögliche Namensverwechslung beider Batterie-Hersteller

Das »Versuchsfeld« der Kölner Accumulatoren-Werke: Ähnliche Fahrzeuge kamen für ein Jahrzehnt auf einer Strecke in Bremerhaven zum Einsatz. Dem dortigen Engagement der Firma Gottfried Hagen blieb jedoch der Erfolg versagt. In einer Festschrift aus den zwanziger Jahren heißt es: »Auch der von der Firma seit 1898 eine Reihe von Jahren hindurch mit Accumulatoren unterhaltene Straßenbahnbetrieb in Bremerhaven erwies sich als unwirtschaftlich und wurde wieder eingestellt.« [HAStK]

hätte beinahe zu einem Duell geführt: Auf der Elektroausstellung 1891 in Frankfurt ließ die »Accumulatoren-Fabrik« über Nacht ein Schild der Kalker Firma von Gottfried Hagen entfernen. Die Folge war eine Säbelforderung des streitbaren Akkumulatoren-Fachmannes Dr. Sieg von den KAW. Kurze Zeit darauf hing das Schild wieder an seinem Platz ...[63]

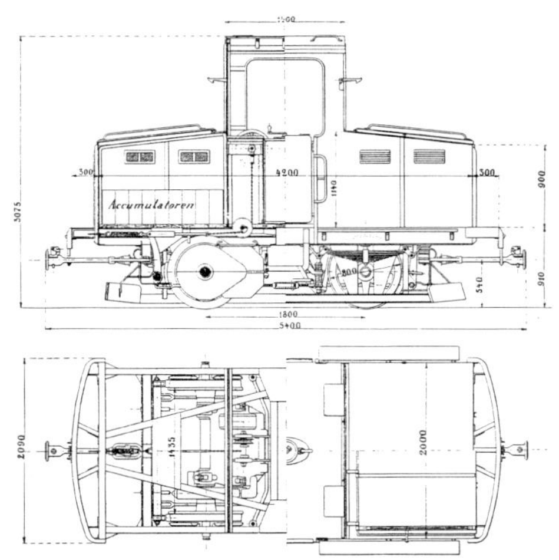

Abb. 58. Akkumulatorenlokomotive.

Die Akkumulatorenlok für die Rangierarbeiten im Deutzer Hafen. [aus: Die Bahnen der Stadt Cöln]

Die Stadt Köln holte im Zusammenhang mit der geplanten Elektrifizierung auch im westfälischen Hagen Erkundigungen über den dortigen Akku-Betrieb ein. Die entsprechende Anfrage beantwortete die Hagener Straßenbahn am 18.4.1898: »Genaue Angaben über die Kosten des Accumulatorenbetriebes gegenüber dem Oberleitungsbetrieb vermögen wir zur Zeit nicht zu geben, da wir den hiesigen Betrieb erst im Juli vorigen Jahres völlig übernahmen. Die uns von dem Vorbesitzer gemachten Angaben sind nicht massgebend, da derselbe die Wagen von der hiesigen Accumulatorenfabrik gegen eine bestimmte Abgabe für den gefahrenen Wagenkilometer gestellt bekam.« Auch seien keine Geschäftsberichte vorhanden. »Wir bemerken jedoch noch, da dasselbe vielleicht für Ew. Hochwohlgeboren von Interesse sein könnte, dass wir mit einem Actienkapital von 1 Million Mark die hier vorhandenen Strecken (10 km) sämtlich auf gemischten Betrieb umwandeln, d.h. in der inneren Stadt lediglich Accumulatorenbetrieb, auf den Strecken in den äusseren Stadtteilen, bezw. nach den Nachbarorten hingegen teilweise Oberleitung anwenden.«[64]

Köln bekam schließlich eine Elektrische mit Oberleitungsbetrieb, für eine Sonderaufgabe wurde aber 1909 doch noch ein Akku-Triebfahrzeug angeschafft. Damals erbaute die Stadtgemeinde Köln unter teilweiser Mitbenutzung der Straßenbahngleise eine Privatanschlußbahn vom Deutzer Hafen zur Chemischen Fabrik Kalk. Um die Manövrierfähigkeit der Kräne nicht durch Oberleitungen zu behindern, übernahm eine batteriebetriebene Lok den Verschub im Hafen.

Der oben geschilderte Akku-Betrieb auf deutschen Straßenbahngleisen blieb allgemein eine historische Episode. Die Triebwagen erwiesen sich als störungsanfällig – so traten mancherorts Säuredämpfe im Fahrgastraum auf –, und wegen des Gewichts der Batterien nutzten die Fahrzeuge die Gleise stärker ab als die Oberleitungstriebwagen. Bei der deutschen Eisenbahn konnte sich dagegen der Personenverkehr mit Akku-Triebwagen noch bis 1995 halten.[65]

Van der Zypen & Charlier

Ab 1893 wurde auf dem Werksgelände von Van der Zypen & Charlier in Deutz die Schwebebahn »System Langen« erprobt. Während zunächst das zweischienige System (Abb.) getestet wurde, folgte ab 1895 die Einschienenhängebahn. [RWWA]

Ein wichtiger Lieferant der Kölner Elektrischen sollte die 1845 gegründete Waggonfabrik Van der Zypen & Charlier in Deutz werden. Bis in die frühen sechziger Jahre hinein wurde im späteren Westwaggon-Werk Rollmaterial für die Kölner Straßenbahn hergestellt. In der Beilage zur Festschrift anläßlich der Hauptversammlung des Vereins Deutscher Ingenieure 1900 in Köln werden Produktpalette und Märkte der Firma so umrissen: »Erzeugnisse: Personen- und Güterwagen jeder Art für Normal- und Schmalspur. Motorwagen für elektr. Bahnen (...) Absatzgebiete: a. Inland: Staats- und Privatbahnen, Kleinbahnen, elektr. Bahnen in ganz Deutschland; b. Ausland: fast alle europäischen Länder, sowie Ostasien, Südamerika, Afrika.«[66]

Bei Van der Zypen & Charlier entstanden u.a. bekannte Eisenbahnzüge wie die Triebwagen für die Versuche der »Studiengesellschaft für elektrische Schnellbahnen«. Die Tests fanden auf der Strecke Marienfelde-Zossen in der Nähe von Berlin statt. Mit elektrischer Ausrüstung von Siemens & Halske bzw. der AEG versehen, überboten die Wagen schon 1903 die 200-km/h-Marke.

Bereits einige Jahre zuvor war auf dem Werksgelände zwischen Deutz und Mülheim ein bemerkenswertes Verkehrsmittel entwickelt worden: die Schwebebahn. Nach der zweischienigen Versuchsstrecke von 1893 wurde hier ab 1895 die Einschienenhängebahn des Konstrukteurs Eugen Langen getestet. Ursprünglich war das einschienige System für den Fernverkehr gedacht, zum Einsatz kam (und kommt) es jedoch im Nahverkehr von Wuppertal und als Bergschwebebahn in Dresden.[67] Bei dieser Entstehungsgeschichte kann es nicht verwundern, wenn um die Jahrhundertwende auch vorgeschlagen wurde, eine derartige Bahn zwischen Köln und der damals noch selbständigen Stadt Mülheim am Rhein zu errichten. Im Hinblick auf mangelnde Erfahrungen im Betrieb von Schwebebahnen – im Tal der Wupper lief noch der Probebetrieb – und nicht zuletzt mit Rücksicht auf andere Projekte nahm man im Sommer 1900 jedoch in Mülheim Abstand von dieser Idee.[68]

Die »Schäl Sick« und die Vorortbahnen

Die Stadtgrenze zwischen Köln und Mülheim. [RBA]

Im Mülheimer Bereich brachte die Elektrifizierung der Straßenbahn sogar einen zeitweiligen Rückschritt mit sich: Während die Pferdebahn nach Mülheim durchfahren konnte, wurde dies der Kölner Elektrischen nach dem Ablauf des alten Vertrags im Jahre 1904 verwehrt. Da man in der nördlichen Nachbarstadt ein eigenes Bahnnetz aufbauen wollte, um seine Position gegenüber Köln zu festigen, kam ein Wege-Benutzungsvertrag hier zunächst nicht zustande. Fortan mußten die Fahrgäste an der Stadtgrenze in die Mülheimer Kleinbahnen umsteigen. »Dieser Zustand wurde mit wachsendem Verkehr immer unbequemer und schädigte offenbar auch die Cölner und Mülheimer Straßenbahn in ihren Einnahmen«, heißt es bei Otto Kayser.[69]

Kein Wunder, daß auch dieses Problem schon 1905 zum Gegenstand eines Karnevalsliedes wurde, hier ein Auszug aus: »Nur bis zur Stadtgrenze«.

»Elektrisch su em Wage
Noh Müllem hinzojage,
Wie wor dat schön doch doh,
Em Rüppche wor mer doh!
Zick Monden un zick Woche
Eß dat no ungerbroche,
Nor bes zor Müll'mer Grenz eran
Fäht jitz de kölsche Bahn!

Kölsche, blievt met ör Intelligenze
Äckersch fään doh hinger an de Grenze,
Meer zo Müll'm sin klöger doch, wie ehr,
Meer bauen uns e Bähnche allein för uns Pläseer!«

Die Fahrzeuge der Mülheimer Kleinbahnen ähnelten den gleichzeitig beschafften Kölner Triebwagen. Bei dem hier abgebildeten Wagen von 1908 waren die Perrons nicht nur verglast, sondern wie bei den Kölner Vorortwagen durch Türen verschlossen. Auffällig sind die zwei normallangen Lyrabügel. [KVB]

Den Grund für das Verhalten der Mülheimer haben die Karnevalisten bald gefunden:

»Mer han et wahl erfahre:
Et well sich Müll'm verwahre,
Dat Kölsche Klüngel nit
Im en sing Grenze kütt! ...«[70]

Zu guter Letzt kam es 1909 doch noch zu einem Vertrag über den Betrieb der Kölner Straßenbahn auf den fremden Gleisen. In der Versammlung der Stadtverordneten vom 23. Dezember 1909 wurde appelliert, dem ausgehandelten Vertrag zuzustimmen, damit er zum 1. Januar in Kraft treten könne. »Beigeordneter Klutmann: Die Unzuträglichkeiten beim Übergang von den Mülheimer Kleinbahnen zu der städtischen Straßenbahn an der Stadtgrenze in Mülheim sind allgemein bekannt. Sie bestehen in erster Linie in der Unbequemlichkeit des Umsteigens, dem Mangel an sicheren Anschlüssen, dem längeren Warten, der zeitweisen Überfüllung der Wagen u.a. mehr. Diese Mängel, die je länger je fühlbarer sich gestalteten, waren sehr oft Gegenstand eingehender Beratungen zwischen den beiden Städten behufs Beseitigung durch Herstellung durchgehender Fahrten (...)«[71] Erst die Frage der Eingemeindung habe wieder Bewegung in die Angelegenheit gebracht. Bereits zuvor hatte man sich auf eine gemeinsame Benutzung der Gleise in der Gladbacher Straße durch die Kölner Vorortbahn-Linie Mülheim-Bergisch-Gladbach geeinigt. Die Mülheimer Kleinbahnen konnten indes auch nach der Eingemeindung der Stadt im Jahre 1914 ihre Selbständigkeit noch bis 1933 bewahren.[72]

Das Kölner Straßenbahnnetz um die Jahrhundertwende spiegelt nicht zuletzt das Bedürfnis der Vororte nach einer leistungsfähigen Verbindung mit der Stadt wider. Private Unternehmer, die sich hiervon einen Gewinn versprachen, hatten diese Strecken ursprünglich errichtet.

Eine zusätzliche Dimension, nämlich die der Stadtentwicklung, stellte Otto Kayser bei der Behandlung der (zumeist rechtsrheinischen) Vorortbahnen heraus: »Zu den wichtigsten Verkehrsaufgaben, die den Großstädten in den letzten Jahren entstanden sind, gehört die einer zweckmäßigen Verbindung mit den Außenorten.« Heute könne eine »Großstadt ohne ein geordnetes Netz von Vorortbahnen nicht mehr auskommen. Es ist die Aufgabe dieser Bahnen, neues Wohngelände zu erschließen und damit zur Lösung der Wohnungsfrage beizutragen, sie sollen aber auch für die Gesundheit der Großstadtbevölkerung wirken, der sie das freie Außengelände näherbringen, und sie sollen endlich und nicht in letzter Linie die wirtschaftlichen Beziehungen zwischen Großstadt und Außenorten heben. Daneben fällt ihnen auch die Aufgabe zu, durch möglichste Förderung des Güterverkehrs in Wagenladungen die industrielle Besiedelung der Außenorte, die dort auf billigem Grund und Boden ein geeignetes Feld der Entwicklung findet, zu fördern (...) Die wirtschaftlichen Grundlagen dieser Vorortbahnen sind andere als die der Stadtbahnen, denn jene müssen erst eine dichtere Besiedelung und schärfere wirtschaftliche Tätigkeit herbeizuführen helfen, mit denen diese bereits von vornherein rechnen können.«[73]

Den Vorortbahnen war also eine aktive Rolle bei der Stadtentwicklung zugedacht – und zwar in einer Zeit, als die Stadt Köln erst begann, sich im Rechtsrheinischen durch Eingemeindungen auszudehnen. Nun sollte u.a. die Möglichkeit geschaffen werden, in einem dieser Vor- oder Nachbarorte zu wohnen und zum Arbeiten in die Großstadt zu fahren. So wäre der Ausbau von Wohnvierteln in Thielenbruch oder schließlich auch im Königsforst ohne Bahnanschluß nicht denkbar gewesen. »Bei dem Bau der Bahnen findet erfahrungsgemäß eine Wertsteigerung der von der Bahn berührten Grundstücke statt. Die Bahn schafft Werte; es ist daher berechtigt, wenn sie an dem Gewinn der Wertsteigerungen teilnimmt.«[74] Dementsprechend wurden an verschiedenen Strecken größere Grundstücke für Wohnbebauung oder an der Linie nach Porz auch für die Industrieansiedlung angekauft. Außerdem würden Kayser zufolge die Vorortbahnen für den Ausflugsverkehr in die Wälder am Rand des Bergischen Landes eine Rolle spielen. Um den Verkehr auf den neuen Strecken zu steigern, im Königsforst und in Thielenbruch als Nebenbetriebe Gasthäuser errichtet.

Auf der Bergisch-Gladbacher Linie kamen große Vierachs-Triebwagen, die sogenannten Kegelbahnen, zum Einsatz. Hinter den Beiwagen mit Mitteleinstieg läuft ein Packwagen. [Siemens-Forum, München]

Als erste Linie dieser Kleinbahnen entstand die 1904 eröffnete Verbindung von der Brückenrampe neben Dom und Hauptbahnhof nach Rath und weiter zum Königsforst. Über die Notwendigkeit, den Verkehr anzuregen, schreibt Kayser: »Der sehr geringe Verkehr, der vor Inbetriebnahme der rechtsrheinischen Vorortbahnen zwischen Cöln und dem Königsforst bestand, ließ es empfehlenswert erscheinen, von vornherein Maßnahmen zur Verkehrsbelebung zu treffen und dem Mangel an Wirtschaften, die den Anforderungen des Ausflugspublikums entsprachen, abzuhelfen.«[75]
Weitere Vorortstrecken im Rechtsrheinischen führten nach Bergisch-Gladbach (über Thielenbruch), nach Bensberg sowie nach Porz. Letztere wurde nach dem Ersten Weltkrieg im Jahre 1921 bis Zündorf verlängert.

Die großen Hoffnungen, die man auf den Güterverkehr bei den rechtsrheinischen Vorortbahnen gesetzt hatte, sollten sich insgesamt gesehen nicht erfüllen. Bedeutung erlangten allerdings im Ersten Weltkrieg Gütertransporte auf Straßenbahnstrecken. Handelte es sich zunächst um Transporte für die Militärverwaltung, trat ab Dezember 1916 die Beförderung von Braunkohlenbriketts für den Hausbrand hinzu.[76]

Während des Ersten Weltkrieges wurden die Straßenbahnen auch zur Versorgung der Bevölkerung eingesetzt: hier abgebildet ist ein Brikettlager in der Krebsgasse mitten in der Altstadt. [KSM]

Ein anschauliches Beispiel für die Stimmung in der Zeit des Netzausbaues gibt das Lied »Straßenbahn und Omnibus zu Poll« von M. Türk wieder. Es wurde auf die »Omnibus-Melodie« gesungen und entstand anläßlich der Inbetriebnahme der Vorortbahn Köln-Poll-Porz im Jahre 1909. Damals ersetzte die elektrische Kleinbahn den Pferdebus, der seit 1897 Köln und Poll verbunden hatte.

»Poll steigt gewaltig jetzt im Wert, – Holdria!
Die Straßenbahn nach hierhin fährt, – Holdria!
Vergleichen wir drum heut zum Schluß
Die Bahn mal mit dem Omnibus.

Die Bahn ist elegant und schik, – Holdria!
Man merkt es auf den ersten Blick, – Holdria!
Im Jugendstiel, elektrisch Licht.
In allem sie der Zeit entspricht.

Dä Omnibus, dat eß doch klor, – Holdria!
Für Poll nit zeitgemäß mieh wor. – Holdria!
Den jedermann von uns sich sät:
Su ein Verbindung wor nix wähd.

Den Vorzug hat die Straßenbahn, – Holdria!
Sie fährt und hält nur nach dem Plan, – Holdria!
Von Drängen, Stoßen keine Spur,
Mit so und soviel Plätzen nur.

Dä Omnibus fuhr wann hä well, – Holdria!
Un hielt vör jedem Weetshuhs stell. – Holdria!
Em Wage selvs, mohd off mer stonn,
Gedrängt, wie en ner Herringstonn.

Und sitzt man in der Straßenbahn, – Holdria!
Ne Wohltat ist's für Jedermann, – Holdria!
Wird nicht von allen ausgefragt,
Auch Rauchen, Spucken untersagt.

Em Omnibus von Jung und Alt, - Holdria!
von Poll bis Düx sich wohd verzallt, - Holdria!
Un mänches Mädche, mänche Frau
Em Omnibus zoehz wohd »schlau«.

Der Schaffner, der bedient uns fein, - Holdria!
Herrschaften, bitte, steigens's ein, - Holdria!
Die Fahrkart', nun wie weit mein Herr,
So bitte Fräulein, - danke sehr.

Et geiht em Levve anders nit, - Holdria!
Dat eine geiht, dat and're kütt, - Holdria!
Der Straßenbahn den Willkommgruß,
Un ein »Ade« dem Omnibus.[77]

Das Vorortbahndepot in Porz. [Slg. Ditgen, aus: Köln auf alten Ansichtskarten, Kölner Stadtbild]

Im Gegensatz zu den Straßenbahnstrecken, die mit 600 Volt Gleichstrom elektrifiziert worden waren, wählte man für die langen Vorortstrecken eine Spannung von 800 Volt. Für diese neuen Strecken reichten die vorhandenen Stromversorgungseinrichtungen jedoch nicht aus. Die Stadt baute daher außerhalb der damaligen Stadtgrenzen in Ostheim ein eigenes Dampfkraftwerk[78], auf dessen Giebel schon damals das Kölner Wappen mit Doppeladler prangte. Auch auf den Wagenhallen der Vorortbahnen in Thielenbruch und Porz, das erst 1975 eingemeindet wurde, ist bzw. war dieses Wappen zu sehen.[79]

Im Jahre 1914 wurde auch die linksrheinische Verbindung nach Benzelrath als elektrische Vorortbahn in Betrieb genommen, nachdem man sie auf Normalspur umgebaut hatte. Ebenfalls zu den Vorortbahnen gehörte die benachbarte Strecke nach Lövenich, die 1912 eröffnet worden war. Auf ihr kamen jedoch die relativ kleinen, dunkel lackierten Wagen des Stadtnetzes zum Einsatz und nicht die größeren Vorortwagen mit den geschlossenen Plattformen und dem eleganten elfenbeinfarbigen Anstrich.

Auch die Mülheimer bauten ihre eigenen Überlandstrecken. Von den weitreichenden Kleinbahn-Plänen dieser Kreisstadt, die teilweise mit Kölner Planungen kollidierten, wurden die Verbindungen nach Opladen und Dünnwald verwirklicht. Letztere wurde 1928 bis Schlebusch verlängert.[80]

Um Köln herum

Die Mülheimer Überlandlinie nach Opladen besaß an ihrem Endpunkt Anschluß zu weiteren elektrischen Straßen- bzw. Kleinbahnen. Auf diesen Strecken von Opladen nach Ohligs bzw. Höhscheid und nach Lützenkirchen führte das Rheinisch-Westfälische Elektrizitätswerk (RWE) den Betrieb durch.

Auch Schlebusch hatte zunächst seine eigene elektrische Bahn. Sie stellte seit 1903 eine Verbindung zwischen Ortsmitte und Bahnhof her. Die Betriebsführung lag beim Konsortium für den Bau und Betrieb der Mülheimer Kleinbahnen, wobei auf dieser Strecke auch Güterverkehr stattfand. Besonders im Ersten Weltkrieg erlangten die Transporte für die dortigen Sprengstoffwerke einen großen Umfang. Nach Kriegsende fiel diese Aufgabe fort, und die Schlebuscher Bahn stellte 1922 den Betrieb ein. Alle Hoffnungen auf eine Wiederinbetriebnahme erfüllten sich nicht. Dagegen blieben die von Opladen ausgehenden Strecken als Bahnen des Rhein-Wupper-Kreises noch bis Mitte der fünfziger Jahre in Betrieb. Als Teil des Straßenbahnnetzes im Rheinisch-Westfälischen Industriegebiet stellten sie eine Verbindung zwischen den Straßenbahnen von Köln und Düsseldorf bzw. Solingen her.[81]

Die Bahn der Gemeinde Schlebusch wickelte Personen- und Güterverkehr ab. Einige Jahre nach ihrer Stillegung 1922 entstand abermals eine Straßenbahnstrecke zur Ortsmitte von Schlebusch, diesmal von Mülheim her. [Stadtarchiv Leverkusen]

Ein Triebwagen der Rheinuferbahn im Bahnhof Wesseling [KVB]

Seit 1917 verband die Wahner Straßenbahn den Bahnhof mit den Militär-Einrichtungen in Wahnerheide. Um den starken Verkehr im Ersten Weltkrieg zu bewältigen, wurden in Köln alte Pferdebahn-Sommerwagen angekauft. Hier laufen sie hinter einem fünffenstrigen Triebwagen, wie er bis in die sechziger Jahre bei der angrenzenden Kleinbahn Siegburg-Zündorf zum Einsatz kam. [KVB]

Eine erste elektrische Städteverbindung Kölns mit dem Süden bildete die 1905/06 eröffnete Rheinuferbahn der Cöln-Bonner Kreisbahnen. Ursprünglich hatte hier eine schmalspurige Dampfkleinbahn entstehen sollen. Die Erfahrungen, die man mit der Verkehrsentwicklung der Vorgebirgsbahn gemacht hatte, führten dann aber zu dem richtungsweisenden Entschluß, die Rheinuferbahn als normalspurige elektrische Bahn zu bauen. Vor der Genehmigung dieses Projekts, mußten jedoch noch zahlreiche Schwierigkeiten aus dem Weg geräumt werden. Als die Schnellbahn, »längst ersehnt und erstrebt namentlich von den Ortschaften am Rhein zwischen Cöln und Bonn, welche im Winter fast jeglicher Verkehrsmittel entbehrten und daher in ihrer Entwicklung zurückgeblieben waren«, endlich eröffnet wurde, konnte man in der Festschrift resümieren: »Die Verzögerung hatte auch ihre gute Seite. Die Ansprüche, welche an die Leistungsfähigkeit der Bahn gestellt wurden, vergrößerten sich. Den Fortschritten auf dem Gebiete der Elektrotechnik Rechnung tragend, wurde vor allen Dingen das Programm dahin ergänzt, daß Bahn und Betriebsmittel möglichst so einzurichten seien, daß die Personenzüge auf freier Strecke mit einer Geschwindigkeit bis zu 80 km in der Stunde fahren konnten.« Das Warten hatte sich also auch hier gelohnt …[82]

In der Kölner Innenstadt fuhren die Züge auf den Straßenbahngleisen. In Marienburg begann die eigene Strecke, die bis heute als Eisenbahn konzessioniert ist. Im Jahre 1908 wurde die Rheinuferbahn nach vollendetem zweigleisigen Ausbau zur Hauptbahn.[83] Durch ihren Schnellverkehr mit Taktfahrplan wurde sie zu einer starken Konkurrenz für die staatliche Eisenbahn.

Neben den städtischen Straßen- und Vorortbahnen, den Mülheimer Kleinbahnen und den späteren Köln-Bonner Eisenbahnen bestanden auf dem heutigen Kölner Stadtgebiet noch zwei weitere elektrische Bahnen: die Kleinbahn Siegburg-Zündorf und die Wahner Straßenbahn. Auch sie gehörten zu den Strecken, deren Betrieb zunächst vom Rheinisch-Westfälischen Elektrizitätswerk durchgeführt wurde. Die Linien wurden etappenweise zwischen 1914 und 1921 eröffnet. Der Betrieb mit den RWE-typischen Fahrzeugen endete hier jedoch bereits in den sechziger Jahren, als die südöstlichen Vororte Kölns noch zum Rheinisch-Bergischen Kreis gehörten. Damals wurde der Personenverkehr eingestellt (1965 bzw. in Wahn 1961) und wenig später der Güterverkehr auf der Kleinbahnstrecke von Dieselloks übernommen (1966).

Am rechten Rheinufer gegenüber dem Kölner Norden konnte sich dagegen die Atmosphäre der RWE-Bahnen aus der Zeit vor dem Ersten Weltkrieg noch bis Ende der siebziger Jahre behaupten. Von 1908 bis 1911 war dort die Kleinbahn Langenfeld-Monheim-Hitdorf mit einer Abzweigung nach Baumberg

Das Depot der Kleinbahn Langenfeld-Monheim-Hitdorf in Monheim: Bei dieser RWE-Bahn wurden Fahrzeugtypen eingesetzt, wie sie auch bei der Kleinbahn Opladen-Lützenkirchen bzw. der Straßenbahn Opladen-Ohligs liefen. Gleichartige AEG-E-Loks gelangten auch auf der Kleinbahn Siegburg-Zündorf zum Einsatz. [Repro. Slg. Schwieres]

und einer Verlängerung nach Rheindorf entstanden. Ihre Vorgängerin war eine sogenannte »gleislose Bahn«, also ein früher Oberleitungsbus gewesen. Dieses Verkehrsmittel hatte seit 1904 die Verbindung zwischen Monheim und dem Bahnhof Langenfeld hergestellt. Auch hier endete der Personenverkehr auf der Schiene bereits in den frühen sechziger Jahren (1963). Bei der ehem. Kleinbahn der Rheingemeinden, nunmehr Bahnen der Stadt Monheim, zogen aber noch bis 1979 drei E-Lok-Veteranen die Güterzüge. Erst vor dem teilweisen Neubau der Bahnstrecken, die nun aus dem Zentrum von Monheim herausgenommen wurden, ersetzte man sie durch Dieselloks.[84]

Große Pläne

In den Jahrzehnten vor dem Ersten Weltkrieg wurden noch zahlreiche Bahnprojekte auf verschiedenen Ebenen erörtert. Sie kamen aus unterschiedlichen Gründen nicht zustande. Mal befürchtete man auf staatlicher Seite eine unerwünschte Konkurrenz für die Staatsbahn, mal hatte die Stadt Angst davor, daß das Umland als Standort zu attraktiv werden könnte – um nur zwei der Ursachen für das Scheitern solcher Vorhaben anzuführen.

Stellvertretend genannt seien hier eine elektrische Bahn Köln-Düren über Kerpen (1906), eine linksrheinisch verlaufende Städtebahn nach Düsseldorf und eine Schnellbahn ins damalige München-Gladbach. Durch die Verbesserung der Verkehrsbeziehungen Richtung Köln hätte die Domstadt übrigens hier ihre Position gegenüber Düsseldorf verbessern können. Auf diesen Umstand wies der aus Köln stammende Mönchengladbacher Oberbürgermeister Hermann Piecq hin.

Zwei Jahrzehnte nachdem Werner Siemens 1882 seine Versuche mit einem O-Bus-Vorläufer durchgeführt hatte, entstanden die ersten »gleislosen Bahnen« in Deutschland. Auf der 1904 eröffneten Strecke Monheim-Langenfeld wurde auch Güterverkehr durchgeführt, allerdings erwiesen sich die Fahrzeuge als zu schwer für die damaligen Straßen. [Repro, Slg. Schwieres]

Ein Projekt, das ebenfalls kurz vor dem Ersten Weltkrieg auftauchte, sollte (nach weiteren Planungsanläufen und in anderer Form) ein halbes Jahrhundert später doch noch Wirklichkeit werden: eine Untergrundbahn. »Von großer Bedeutung für die Zukunft sind die Vor-Entwürfe für eine Stadt-Schnellbahn innerhalb Cöln, die seit kurzer Zeit aufgestellt sind. Da die Einwohnerzahl von Groß-Cöln sich der Million schon merklich nähert, so erschien es an der Zeit, rechtzeitig Pläne für ein Untergrundbahnnetz aufzustellen, um bei allen Bauten, insbesondere bei Straßen- und Kanal-Anlagen hierauf schon jetzt Rücksicht zu nehmen und spätere kostspielige Änderungen nach Möglichkeit zu vermeiden.«[85]

Die Gürzenichstraße entstand vor dem Ersten Weltkrieg als großstädtischer Straßendurchbruch zwischen Neumarkt und Heumarkt, wo die neue Deutzer Brücke errichtet wurde.
In der Straße, die von Geschäfts- und Bürohäusern gesäumt wurde, verlegte man Straßenbahngleise. Sie wurden aber in diesem Abschnitt nie benutzt. Erst 1932 wurde eine Ost-West-Schienenverbindung in einem parallel verlaufenden Durchbruch angelegt. Bereits vor dem Ersten Weltkrieg wurde aber an die Möglichkeit einer U-Bahn unter diesem Straßenzug gedacht.
[aus: Die Stadt Köln im ersten Jahrhundert unter preußischer Herrschaft]

Anmerkungen

1 HAStK Best. 715/354; E. Bollig: Die städtischen Bahnen zu Köln, S.105
2 Bericht über den Stand und die Verwaltung der Gemeinde-Angelegenheiten der Stadt Cöln für das Etatsjahr 1901, S.38; Zitat nach R. Dieckhoff: Die Einführung der elektrischen Straßenbahn in Köln, in Köln-Edition
3 Allerdings wurde sogar eine unter städtischer Regie neugebaute Verbindung anfänglich mit Pferden bedient: »Die im vorigen Berichtsjahr [1900] neu verlegte Verbindungsstrecke zwischen Cöln-Nippes und Cöln-Merheim wurde am 1. Mai [1901] dem Pferdebetrieb übergeben.« (Bericht über den Stand … S.37); vgl. M. Ritschel: Linienchronik der Kölner Straßen- und Vorortbahnen, S.57. Im Oktober 1902 trat zunächst bei Pferden des Westbahnhofs die gefährliche Rotzkrankheit auf. Nach einem Vertrag mit der Provinzialverwaltung der Rheinprovinz verpflichtete sich die Stadt schließlich, »den gesamten Pferdebestand durch Schlachtung zu beseitigen, sobald die Tiere durch Einrichtung des elektrischen Betriebes entbehrlich werden.« Ende 1902 wurde die Sperre jedoch aufgehoben, da sich seit längerer Zeit keine Krankheits-erscheinungen mehr gezeigt hatten. Normalerweise blieben die Pferde, die aus den deutsch-belgischen und französisch-belgischen Grenzbezirken und vornehmlich aus Luxemburg bezogen wurden, vier bis fünf Jahre diensttauglich. (Bericht über den Stand und die Verwaltung der Gemeinde-Angelegenheiten der Stadt Cöln für das Etatsjahr 1901, S.37f.; Architekten und Ingenieur-Verein …: Köln und seine Bauten, S.412)
4 Bericht über den Stand … 1906, S.53; Bericht über den Stand … 1907, S.63; O. Kayser: Die Bahnen der Stadt Cöln, S.7f.; HAStK Best. 715/31; vgl. HAStK 730/771, hier: »Entwurf für den Ausbau der Strassenbahn Nippes-Flora« von 1906
5 Reglement Und Ordnung Die Trag-Sesselen und deren Trägere betreffend …, in: Köln-Edition; J. Robert: Histoire des transports …, S.18f.
6 Vgl. hierzu: K. Jasper: Der Urbanisierungsprozess …, S.40-47, 193-214
7 P. Clemen: Die profanen Denkmäler …, S.86f.; vgl. R. Schmidt: Deutz und die alten Pioniere, in: Köln-Archiv; zu den Baubefunden am römischen Südtor (im Gegensatz zu der heute üblichen Rekonstruktion in Anlehnung an das Nordtor) vgl. u.a. J. Klinkenberg: Das römische Köln, S.194
8 Großstadt im Aufbruch, S.19-22; J. Klersch: Von der Reichsstadt …, S.30ff., 73ff.; K. Jasper: Der Urbanisierungsprozeß …, S.197f.; Stadt Cöln: Die Stadt Cöln im ersten Jahrhundert unter preußischer Herrschaft, 2. Bd., S.622f.; vgl. auch S.652-654; P. Clemen: Die profanen Denkmäler …: S.98f.; Plan von Köln und Deutz, Verlag der Buch- und Kunsthandlung von F.C. Eisen, Köln 1845; vgl. auch: H. Kellenbenz: Zwei Jahrtausende …, Bd.2, S.221
9 Zur Geschichte der Stadt Köln 1864, in: Adreßbuch für Köln, Deutz und Mülheim am Rhein sowie der Umgebung Köln's 1866, S.Vf.
10 Die Stadt Cöln im ersten Jahrhundert …, 2. Bd., S.623; Fahrräder entwickelten sich erst zu Anfang des 20. Jahrhunderts zu einem weitverbreiteten Beförderungsmittel. Vorher hatten sie mehr den Charakter eines Sportgeräts für Wohlhabende, die in der Lage waren, hierfür den Gegenwert eines heutigen Motorrades oder Kleinwagens aufzuwenden. (K. Jasper: Der Urbanisierungsprozeß …, S.194f.)
11 Die Stadt Cöln im ersten Jahrhundert …, 1. Bd./II.Teil, S.145ff., hier S.147: vgl. Belgien in Köln, S.130f., 140ff.; Ein zeitgenössisches Karnevalslied mit dem Titel »De Pähdsbahn« greift die Probleme mit der Streckenführung und das Verhalten des Umlands auf:

»Do plane meer johrus johrenn,
We meer en Pähdsbahn krigge,
Un immer kütt en Humm uns drenn -
Woran mag dat wal ligge?
Weil Mor un Pozen all noch stonn,

We och de Wall un Grave,
Möht jo de Bahn em Zickzack gonn,
Grad we voll Lück, de Brave,
Wann – se – gottverloße
Bummeln durch de Stroße.
Ehsch soll et Freesepözchen op,
De Bahn derdurch zo lege,
Doch wohd de Muhl uns bahl gestopp:
Der Fiskus wor dergege!
…
Jitz nohm der Boor et en de Hand
Un fing sich an zu wege,
Hä weed met singe Sträng scharmant
Bis en de Stadt sich lege!
Der Fiskus steiht op singer Sick
Un ess im sehr gewoge,
Meer ävver sinn de Pähdsbahn quick,
För immer dröm bedroge! -
Moh – te – meer uns loore
Loße vun dä Boore?
…«

12 Vgl. Bericht über den Stand … 1910, S.1
13 Zur Geschichte der Stadt Köln 1876-1877, in: Adreßbuch für Köln, Deutz … 1878, S.14; zur Probefahrt vom Mülheimer Tor nach Kalk vgl. P. Simons: Illustrierte Geschichte …, S.247f.

14 Vgl. HAStK Best. 730/770, 771. Das häufig zitierte und abgeschriebene Standardwerk von Otto Kayser »Die Bahnen der Stadt Cöln« von 1913 (S.2) datiert die Eröffnung der ersten Pferdebahnverbindung von Deutz nach Kalk auf den 28. April 1877. Als die Kölner Verkehrsbetriebe sich dementsprechend anschickten, Ende April 1977 das 100jährige Jubiläum zu feiern, konnte die Kölnische Rundschau eine Woche vorher (22. April) melden: »Die KVB feiern ihr 100. drei Wochen zu früh«. Vgl. auch KR 23. April 1977, 30. April 1977. Trotzdem findet sich u.a. noch in der »Chronik zur Geschichte der Stadt Köln« von Peter Fuchs (Bd.2, Köln 1991, S.155) und im Köln-Archiv (K05078) das falsche Datum 28. April 1877; vgl. hierzu auch Köln und seine Bauten, S.409

15 Verhandlungen der Stadtverordneten-Versammlung zu Köln vom Jahre 1877, S.261

16 Vgl. Zur Geschichte der Stadt Köln 1877-1878, in: Greven's Adreßbuch für Köln, Deutz ..., 1879, S.6; vgl. O. Kayser: Die Bahnen ..., S.2; vgl. Neuester Plan von Köln und Umgebung, Verlag von Friedrich Heÿn, Köln

17 C.O. Jatho: Kindheit am Rhein, S.79

18 O. Kayser: Die Bahnen ..., S.2f.; Die Stadt Cöln im ersten Jahrhundert ..., 1. Bd./II. Teil, S.151-155; HAStK, Best. 730/770; Das belgische Engagement bei der Kölner Straßenbahn war allerdings kein Einzelfall.

19 K. Jasper: Der Urbanisierungsprozeß ..., S.200ff.; O. Kayser: Die Bahnen ..., S.3; E. Bollig: Die städtischen Bahnen ..., S.207; Eine Tarifreform wurde nach längeren Beratungen 1905 durchgeführt. Dabei wurden die alten Tarife, die sich aus den Pferdebahntarifen entwickelt hatten, durch vielfach niedrigere Fahrpreise abgelöst. In der folgenden Zeit konstatierte man eine »erhebliche Verkehrssteigerung«. (Bericht über den Stand ... 1905, S.51f.)

20 H. Kier: Die Kölner Neustadt, S.36f., vgl. S.135. Fast gleichzeitig entstand auch der äußere Befestigungsgürtel am »Militärring«.

21 HAStK Best. 730/770; Zur Geschichte der Stadt Köln 1889-1890, in: Greven's Adreßbuch, Köln 1891, S.5; O. Kayser: Die Bahnen ..., S.4

22 Zur Geschichte der Stadt Köln 1893-1894, in: Greven's Adreßbuch, Köln 1895, S.3; vgl. auch: Zur Geschichte der Stadt Köln 1891-1892, in Greven's Adreßbuch, Köln 1893

23 O. Kayser: Die Bahnen ..., S.3; Die Stadt Cöln im ersten Jahrhundert ..., 2. Bd., S.624; vgl. Zur Geschichte der Stadt Köln 1916-1917, in: Greven's Adreßbuch, Köln 1918; vgl. Verhandlungen der Stadtverordneten-Versammlung zu Cöln vom Jahre 1917, S.105 (vom 26. April 1917). Zitate nach HAStK Best. 715/35

24 Häfen und Güterverkehr Köln: 100 Jahre Köln-Frechen-Benzelrather Eisenbahn, S.126; O. Kayser: Die Bahnen ..., S.13; Die Stadt Cöln im ersten Jahrhundert ..., 1. Bd./II. Teil, S.471-474; Häfen und Güterverkehr Köln: 100 Jahre Köln-Bonner-Eisenbahnen, S.118; Daten und Zahlen aus dem Bereich der KBE, S.1

25 W. Hendlmeier: Handbuch der deutschen Straßenbahngeschichte, 2. Bd., S.11ff., 25f.; Die Stadt Cöln im ersten Jahrhundert ..., 1. Bd./II. Teil, S. 464f.; Großstadt im Aufbruch, S.172

26 Zur Geschichte der Stadt Köln 1895-1896, in: Greven's Adreßbuch, Köln 1897, S.4

27 Zur Geschichte der Stadt Köln 1896-1897, in: Greven's Adreßbuch, Köln 1898, S.1f.; HAStK, Best. 715/345, 347

28 HAStK, Best. 715/346

29 Bericht über den Stand ... 1897, S.41; vgl. O. Kayser: Die Bahnen ..., S.5; Die Stadt Cöln im ersten Jahrhundert ..., 1. Bd./II. Teil, S.466-469

30 S.38f.

31 Vgl. auch: Neue Werft- und Hafenanlagen ..., S.62, 64, Tafel 26, 27

32 O. Kayser: Die Bahnen ..., S.7; HAStK, Best. 715/345, 354; vgl. HAStK Best. 715/344; vgl. Hendlmeier: Handbuch ..., 1. Bd., S.42, 2. Bd., S.36ff.

33 HAStK, Best. 715/354. Weitere Akten zur Elektrifizierung der Kölner Straßenbahn befinden sich heute im Siemens-Archiv, München (SAA 5198, 6209, 6723, 6745).

34 Bericht über den Stand ... 1900, S.37; vgl. Zur Geschichte der Stadt Köln 1901-1902, in: Greven's Adreßbuch, Köln 1903, S.5; O. Kayser: Die Bahnen ..., S.204. O. Kayser datiert hier den »Bau der schmalspurigen elektrischen Uferbahnlinie« bereits auf das Jahr 1896. Da er außerdem den Zeitpunkt der Übernahme der Bahn durch die Stadt auf den 1. Januar 1900 legt (S.5), wurden chronologische Angaben i.d.R. anhand anderer zeitgenössischer Quellen wie Verwaltungsberichten oder der Chronik »Zur Geschichte der Stadt Köln ...« in den jeweiligen Adreßbüchern überprüft.

35 O. Kayser: Die Bahnen ..., S.7; vgl. S.204

36 Zitat nach R. Louis: Kölnischer Liederschatz, S.111

37 Vgl. Die Stadt Cöln im ersten Jahrhundert ..., 1. Bd./II. Teil, S.469

38 Bericht über den Stand ... 1899, S.44

39 Bericht über den Stand ... 1899, S.44f.; Zur Geschichte der Stadt Köln 1901-1902, in: Greven's Adreßbuch, Köln 1903; O. Kayser: Die Bahnen ..., S.137

40 Bericht über den Stand ... 1899, S.44f.; O. Kayser: Die Bahnen ..., S.8

41 18. Februar 1900. Für den Hinweis danke ich Herrn H.-C. Forth.

42 In Aachen wurde – ob zu Recht oder zu Unrecht sei dahingestellt – die Elektrifizierung der Straßenbahn dafür verantwortlich gemacht, daß jahrelang kein Karnevalszug durchgeführt wurde. (H. Crous: Alaaf Oche ..., S.81f.)

43 §16, in: HAStK Best. 715/345
44 O. Kayser: Die Bahnen …, S.8
45 Zitat nach R. Louis: Kölnischer Liederschatz, S.122
46 HAStK, Best.715/345, 347-350; Zu aktuellen Überlegungen bzgl. einer Straßenbahn ohne Oberleitungsdrähte in Bordeaux vgl. Tramways & Urban Transit No. 737, 5/99, S.186
47 Bericht über den Stand … 1900, S.37: »Von gleich großer Wichtigkeit [wie die Spurfrage] war die Wahl des Stromzuleitungs-Systems. Das Ergebnis der Untersuchung dieser Frage (…) war die Annahme des oberirdischen Systems«; vgl. Anzeige der Mannesmannröhren-Werke in: Architekten- und Ingenieurverein …: Deutschlands Städtebau …; vgl. O. Kayser: Die Bahnen …, S.183f.
48 HAStK, Best.715/355
49 O. Kayser: Die Bahnen …, S.8
50 HAStK Best. 715/31; vgl.: O. Kayser: Die Bahnen …, S.8
51 Bericht über den Stand … 1907, S.63; HAStK Best. 715/31
52 Verhandlungen der Stadtverordneten-Versammlung zu Cöln vom Jahre 1907, 12. September 1907, S.319-326, bes. S.321f.; Verhandlungen der Stadtverordneten-Versammlung zu Cöln vom Jahre 1908, 7. Mai 1908, S.163ff.; Zitat aus: Bericht über den Stand … 1908, S.64. Im Protokoll der Stadtverordneten-Versammlung vom 12. September 1907 werden als Zuruf die »gleislosen Bahnen« in Grevenbroich und Neuenahr genannt. Während an der Ahr tatsächlich eine derartige Linie zwischen Ahrweiler und Walporzheim bestand und sogar relativ lange in Betrieb blieb (1906-1919), gelangten derartige Überlegungen im rheinischen Grevenbroich nicht zur Ausführung. Im westfälischen Grevenbrück bestand allerdings eine gleislose Kalkbahn. (Vgl. Hendlmeier: Handbuch …, 2. Bd., S.28; Auskunft des Stadtarchivs Grevenbroich)
53 A. Reuther: Wagenpark …, S.133-140, 485f. Der heutige Museumswagen 407 wurde bei der österreichischen Zillertalbahn restauriert. In den siebziger Jahren unterstützte die Kölner Werkstatt die Zillertalbahn.bei der Herrichtung ihres VT 1. Diesen Zug, bestehend aus zwei DÜWAG-Großraumwagen (ex DB) und einem holländischen Generatorenwagen, hatten die Tiroler aus Rotterdam übernommen. (W. Gandelau: 10 Jahre VT 1; in: Hobby Tourist Zillertalbahn, (Jg. 13) 1980, S.34f.)
54 Insgesamt sieben Wagen waren 1903/4 nach Den Haag verkauft worden. Dort liefen sie als Beiwagen der »Elektrischen« und wurden 1917 in die Provinz Limburg verkauft, wo die »Limburgsche Electrische Spoorweg-Maatschappij« (LESM) sie auf einer provisorischen Dampftrambahnlinie zwischen Heerlen und Hoensbroek einsetzte. Erst Anfang der zwanziger Jahre wurde diese Verbindung durch die neugegründete »Limburgsche Tramweg Maatschappij« (LTM) elektrifiziert. Der wiedergefundene Wagen wurde offenbar noch übernommen, aber in der folgenden Zeit verkauft und als Aufenthaltsraum für Waldarbeiter benutzt. Schließlich stellte man ihn mit einem behelfsmäßigen Dach hinter dem Haus der Besitzer ab.
Im Gefolge der Bergung eines LTM-Anhängers in der ehem. Bergbauregion wurden Straßenbahnfreunde auch auf die Existenz des Kölner Anhängers aufmerksam gemacht. Vor Weihnachten 1997 wurde der älteste erhaltene Straßenbahnwagen der Niederlande geborgen und zur Aufarbeitung nach Den Haag zurücktransportiert. (R. Schmidt: Angeblich vor 75 Jahren verschrottet: Älteste Kölner Straßenbahn wiederentdeckt, in: Intern 2/98; vgl. Kölnische Rundschau, 25.1.1998; J. Blok: Van een tram komt een tram, in: Haagse tramhistorie 43)
55 Vgl. G. Wolff: Deutsche Klein- und Privatbahnen, Teil 3, S.276f.; M. Pabst: Taschenbuch Deutsche Straßenbahn-Beiwagen, S.24, 27
56 Vgl. 120 Jahre LHB, Bd.I., S.40ff. Zum Schließungsdatum des Kölner LHB-Werks kursieren unterschiedliche Angaben. Während Walther Herrmann in »Zwei Jahrtausende Kölner Wirtschaft« (Bd. 2, S.404) das Jahr 1929 nennt, erscheint dieses noch Mitte der dreißiger Jahre in den zeitgenössischen Adreßbüchern.
57 W. Krobot u.a.: Schmalspurig durch Österreich, S.32, 327. Aus der Frühzeit der Elektrischen existieren noch einige Fahrzeuge: So befindet sich in Frankfurt am Main ein Zug aus einem Triebwagen mit Beiwagen der Frankfurt-Offenbacher Trambahn Gesellschaft, hergestellt 1884 bei Herbrand. Rund ein Jahrhundert nach seiner Entstehung wurde außerdem der Wagenkasten eines Anhängers der elektrischen Bahn Mödling-Hinterbrühl wiederentdeckt. Der Wagen (Nr. 14) war 1885 in der Südbahn-Werkstätte gebaut worden und hatte dann in einer Kiesgrube als Hütte gedient. Er wartet nun in zerlegtem Zustand auf seine Aufarbeitung.
58 120 Jahre LHB, Bd. I., S.40ff.; zu den Anfängen der Firma Herbrand vgl. Architekten- und Ingenieurverein: Köln und seine Bauten, S.746, 767 und Verein Deutscher Ingenieure: XXXI: Haupt-Versammlung …, Beilage, S.9; Architekten- und Ingenieurverein …: Deutschlands Städtebau …, S. 236f.; Union Elektrizitäts-Gesellschaft …, S.II-IV, 1-3; W. Hendlmeier: Handbuch …, 2. Bd., S.25f.
59 E. Müllendorf: Der Helios …, S.21, 31
60 O. Kayser: Die Bahnen …, S.125; zum Helios vgl.: Hermann Kellenbenz: Zwei Jahrtausende …, Bd. 2, S.308
61 Bericht über den Stand … 1912, S.10
62 HAStK Best. 715/341, 350; vgl. J. Scherer: Das Unternehmen der Gottfried Hagen Aktiengesellschaft …, S.31f.; vgl. R. Schmidt: High Tech der fünfziger Jahre, in: Geschichte in Köln 43, S.125f.; ders.: Ovalverkehr, in: Eisenbahn Magazin 3/98; vgl. Verein Deutscher Ingenieure: XXXI. Haupt-Versammlung in Köln a/Rhein 1900; H. Kellenbenz: Zwei Jahrtausende …, Bd.2, S.297

63 Elektrizität in Köln, S.29
64 HAStK, Best. 715/347
65 HAStK, Best. 730/771; O. Kayser: Die Bahnen …, S.136f., 234. Der Chemikalientransport zwischen dem Deutzer Hafen und Kalk ging im Ersten Weltkrieg zurück (A. Reifferscheidt: Der Nahverkehr …, S.38); W. Hendlmeier: Handbuch …, 1. Bd., S.41f. Im Straßenverkehr wurde der Akkumulatorenbetrieb weitgehend vom Verbrennungsmotor verdrängt.
66 Verein Deutscher Ingenieure: XXXI. Haupt-Versammlung …, Beilage, S.9
67 Vgl. A. Reuther: Wagenpark …, S.96f., 289; 100 Jahre Van der Zypen & Charlier, S.37-41; R. R. Rossberg: Deutsche Eisenbahnfahrzeuge …, S.155; H.-F. Schierk/N. Schmidt: Die Schwebebahn in Wuppertal, S.8-19; H.-J. Hentschel: Die erste Bergschwebebahn der Welt, S.4-9, 28-40
68 HAStK Best. 870/1569, ehem. Best. 715/388. Erinnert sei auch an die Mülheimer Firma Felten & Guilleaume Carlswerk, die für den Straßenbahnbedarf »außer Rund- und Profil-Trolleydrähten auch die in allen Ländern eingeführten Schienenverbinder vom Carlswerk« herstellte. (Werbetext aus: »Deutschlands Städtebau: Köln«)
69 O. Kayser: Die Bahnen …, S.9
70 Zitat nach R. Louis: Kölnischer Liederschatz, S.116f.
71 Verhandlungen der Stadtverordneten-Versammlung zu Cöln vom Jahre 1909, S.435
72 Vgl. O. Kayser: Die Bahnen …, S.9f.; vgl. Verwaltungsbericht der Stadt Köln 1933/34, S.114
73 O. Kayser: Die Bahnen …, S.9ff.
74 O. Kayser: Die Bahnen …, S.228
75 O. Kayser: Die Bahnen …, S.228-230
76 Bericht über den Stand … 1921, S.50; O. Kayser: Die Bahnen …, S.18, 21; A. Reifferscheidt: Der Nahverkehr …, S.36ff. (Anfang der zwanziger Jahre sollten Briketts andere Güter völlig in den Hintergrund drängen.); vgl. A. Reuther: Wagenpark, S.10
77 Zitat nach P. Simons: Illustrierte Geschichte …, S.359, vgl. 248f.; vgl. J. Seidel u.a.: 80 Jahre Bahnverbindung …, in: Rechtsrheinisches Köln 17
78 O. Kayser: Die Bahnen …, S.176f.
79 D. Klein-Meynen u.a.: Kölner Wirtschaftsarchitektur, S. 106f. (Hier wird der doppelköpfige Reichsadler, Teil des Kölner Stadtwappens, allerdings einmal als preußischer Adler bezeichnet.); W. Schäfke u.a. (Hg.): Köln auf alten Ansichtskarten, Kölner Stadtbild, S. 239, 250
80 Zur Geschichte der Stadt Köln 1913-1914, in: Greven's Adreßbuch von Köln und Umgegend 1915; O. Kayser: Die Bahnen …, S.21; Verwaltungsbericht … 1928/29, S.2; vgl. A. Reuther: Wagenpark, S.10ff.
81 O. Kayser: Die Bahnen …, S.22-24; A. Reifferscheidt: Der Nahverkehr …, S.37; W. Hendlmeier: Handbuch …, 2. Bd., S.49, 54; W. R. Reimann u.a.: Die Bahnen des RWE, S.131ff.
82 Zur Erinnerung …, S.3, 6
83 Bericht über den Stand … 1907, S.62; Bericht über den Stand … 1908, S.61; Daten und Zahlen …, S.2
84 W. Hendlmeier: Handbuch …, 2. Bd., S.28, 58, 61, 63; W. R. Reimann u.a.: Die Bahnen des RWE, S.144-147; G. Wolff: Die Privatbahnen …, S.226ff., 238ff.
85 HAStK Best. 715/303, 210, 950; Bericht über den Stand … 1908, S.51; Zitat aus: O. Kayser: Die Bahnen …, S.23f.; vgl. Die Stadt Cöln im ersten Jahrhundert …, 1. Bd./II. Teil, S.479; 2. Bd., S.635f.; vgl. auch: Die Kleinbahn von Cöln nach Porz; vgl. R. Schmidt: Schnellbahn Cöln-Düsseldorf, in: Köln-Archiv. Im Zweiten Weltkrieg (1940/41) wurde in der damaligen Hansestadt Köln die Planung einer U-Bahn, an der die Siemens-Bau-Union beteiligt war, wieder aufgenommen. Wie ernst gemeint diese Vorarbeiten waren, sei dahingestellt: »Es handelt sich in Köln um kein eigentliches Verkehrsproblem, sondern um eine Entlastung der Straßenoberfläche von den Schienenbahnen, damit die frei werdende Straßenfläche anderen Verkehrsmitteln nutzbar wird.« (HAStK, Best. 715/950)

Quellen

Historisches Archiv der Stadt Köln (HAStK) Bestand 715, 730, 870
Rheinisch-Westfälisches Wirtschaftsarchiv, Köln (RWWA) 107

Für die freundliche Unterstützung durch die Bereitstellung von Bildmaterial und für Hinweise sei folgenden Einrichtungen und Straßenbahnfreunden gedankt: Gas-, Elektrizitäts- und Wasserwerke AG/Köln, Historisches Archiv der Stadt Köln, Kölner Verkehrsbetriebe AG, Kölnisches Stadtmuseum, Kraftverkehr Wupper-Sieg/Leverkusen, Linke Hofmann Busch/Salzgitter, Mödlinger Stadtverkehrsmuseum, Rheinisches Bildarchiv, Rheinisch-Westfälisches Wirtschaftarchiv/Köln, Siemens-Forum (Bildarchiv), Siemens-Archiv/München, Stadtarchiv Frechen, Stadtarchiv Grevenbroich, Stadtarchiv Leverkusen, Stadtwerke Verkehrsgesellschaft Frankfurt am Main, Stadtwerke Köln (Frau Lindemann), Verkehrsgesellschaft Bremerhaven AG sowie Hermann Driever, Hans-Christian Forth und Paul-Heinz Schwieres.

Literaturauswahl

Architekten- und Ingenieurverein Köln e.V.: Deutschlands Städtebau: Köln. Berlin-Halensee, 1926 (3. Aufl., Nachdr. Köln 1994)

Architekten- und Ingenieur-Verein für Niederrhein und Westfalen (Hg.): Köln und seine Bauten. Köln 1888

Bauen in historischem Boden, 25 Jahre U-Bahn-Bau in Köln. Düsseldorf 1988

Fritz Beermann: Die Rheinbrücken bei Cöln. Cöln 1911

Belgien in Köln (Ausstellung des Historischen Archivs der Stadt Köln). [Köln 1981]

Bericht über den Stand und die Verwaltung der Gemeindeangelegenheiten der Stadt Cöln für das Etatsjahr … Cöln [div. Jahrgänge]

Johan Blok: Van een tram komt een tram, in: Haagse tramhistorie 43, 1998, S.3-10

Ewald Bollig: Die städtischen Bahnen zu Köln, ihre Organisation und wirtschaftliche Bedeutung, (Diss.). Köln 1926

Eduard Bündgen: Die Köln-Bonner Eisenbahnen 1891-1992. Freiburg 1994

Paul Clemen (Hg.): Die profanen Denkmäler der Stadt Köln. Düsseldorf 1930

Helmut A. Crous: Alaaf Oche un wenn et versönk: Die Fastnacht in Aachen im Lauf der Jahrhunderte. Aachen 1984

Daten und Zahlen aus dem Bereich der Köln-Bonner Eisenbahnen Aktiengesellschaft. Köln 1977

Reiner Dieckhoff: Die Einführung der elektrischen Straßenbahn in Köln, in: Köln-Edition. Braunschweig 1996

100 Jahre Van der Zypen & Charlier 1845-1945

120 Jahre LHB 1839-1959 (Bd. I). 1959

Elektrizität in Köln, Ausstellung zum 150. Jahrestag der Entdeckung des Ohmschen Gesetzes. Köln 1976

Führer Siemens Museum: F4: Siemens-Schuckertwerke

Greven's Adreßbuch. Köln [div. Jahrgänge]

Großstadt im Aufbruch, Köln 1888 (Ausstellung des Historischen Archivs der Stadt Köln). [Köln 1988]

Häfen und Güterverkehr Köln AG (Hg.): 100 Jahre Köln-Frechen-Benzelrather Eisenbahn. Köln 1993

Häfen und Güterverkehr Köln AG (Hg.): 100 Jahre Köln-Bonner Eisenbahnen. Köln 1995

Wolfgang Hendlmeier: Handbuch der deutschen Straßenbahngeschichte (2 Bde.). München 1981/1979

Hans-Joachim Hentschel (Dresdner Verkehrsbetriebe AG [Hg.]): Die erste Bergschwebebahn der Welt. Dresden 1991

Karlbernhard Jasper: Der Urbanisierungsprozess dargestellt am Beispiel der Stadt Köln. Köln 1977

Carl Oskar Jatho: Kindheit am Rhein. Köln/Berlin 1969

Otto Kayser: Die Bahnen der Stadt Cöln (Festschrift zur XIV. Hauptversammlung des Vereins Deutscher Straßenbahn- und Kleinbahn-Verwaltungen im Jahre 1913 zu Cöln). Berlin 1913

Hermann Kellenbenz: Zwei Jahrtausende Kölner Wirtschaft (2 Bde.). Köln 1975

Hiltrud Kier: Die Kölner Neustadt. Düsseldorf 1978

Die Kleinbahn von Cöln nach Porz. [Cöln 1904]

Dieter Klein-Meynen/Henriette Meynen/Alexander Kierdorf: Kölner Wirtschaftsarchitektur. Köln 1996

Joseph Klersch: Von der Reichsstadt zur Großstadt. Köln 1925

Joseph Klinkenberg: Das römische Köln. In: Die Kunstdenkmäler der Stadt Köln, Bd. 1. Düsseldorf 1906

Joseph Klinkenberg: Köln und seine Kirchen. Köln 1903 (weitere Auflagen: Köln 1894 sowie 1909 [Köln am Rhein und seine Kirchen])

Kölner Verkehrsbetriebe AG (Hg.): 100 Jahre KVB. Köln 1977

Walter Krobot/Josef Otto Slezak/Hans Sternhart: Schmalspurig durch Österreich. (2. Aufl.) Wien 1975

Bruno Kuske: Die Groszstadt Köln als wirtschaftlicher und sozialer Körper. Köln 1928

Eugen Müllendorf: Der Helios in Köln-Ehrenfeld in den Jahren 1882-1900. Barmen 1900

Neue Werft- und Hafenanlagen zu Köln, Festschrift zum 14. Mai 1898

Martin Pabst: Taschenbuch Deutsche Straßenbahntriebwagen (Elektro-Triebwagen 1881-1931). Stuttgart 1981

Martin Pabst: Taschenbuch Deutsche Straßenbahn-Beiwagen. Stuttgart 1984

Reglement Und Ordnung Die Trag-Sesselen und deren Trägere betreffend … [Köln 1761; Faks. Braunschweig 1988 (Kölner Trag-Sessel-Ordnung, in: Köln Edition, 1043)]

Adolph Reifferscheidt: Der Nahverkehr im Kölner Wirtschaftsbezirk (Diss.). Köln 1926

Wolfgang R. Reimann, Eckehard Frenz: Die Bahnen des RWE. Gräfeling 1975

Axel Reuther: Von Köln ins Bergische, Die Vorortbahn Köln – Thielenbruch – Bergisch Gladbach 1906-1996. Köln 1996

Axel Reuther: Wagenpark der Kölner Strassen- und Vorortbahnen. Berlin 1991

Manfred Ritschel: Linienchronik der Kölner Straßen- und Vorortbahnen 1903-1978. Köln

Jean Robert: Histoire des transports dans les villes de France. 1974

Ralf Roman Rossberg (Hg.): Deutsche Eisenbahnfahrzeuge von 1838 bis heute. Düsseldorf 1988

Werner Schäfke/Peter Ditgen (Hg.): Köln auf alten Ansichtskarten: Kölner Stadtbild. Köln 1996

Johannes Scherer: Das Unternehmen der Gottfried Hagen Aktiengesellschaft in seiner hundertjährigen Entwicklung. Köln 1927

Hans-Fried SchierkNorbert Schmidt: Die Schwebebahn in Wuppertal (Landeskonservator Rheinland: Arbeitsheft 19). Köln 1985

Rudolf Schmidt: Angeblich vor 75 Jahren verschrottet: älteste Kölner Straßenbahn wiederentdeckt, in: Intern 2/98, S.17
Rudolf Schmidt: Deutz und die alten Pioniere, in: Köln-Archiv. Braunschweig 1996
Rudolf Schmidt: Ovalverkehr, in: Eisenbahn Magazin 3/1998, S.40f.
Rudolf Schmidt: High Tech der fünfziger Jahre: Von der Revolution der Verkehrstechnik zum Spielzeug, in: Geschichte in Köln 43, S.123-136
Rudolf Schmidt: Schnellbahn Cöln-Düsseldorf, in: Köln-Archiv. Braunschweig 1997
Jörg Seidel/Gebhard Aders: 80 Jahre Bahnverbindung Köln – Porz-Zündorf, in: Rechtsrheinisches Köln, Bd. 17, S.1-40. Köln 1991
Peter Simons: Illustrierte Geschichte von Deutz, Kalk, Vingst und Poll. Cöln-Deutz 1913
Stadt Cöln (Hg.): Die Stadt Cöln im ersten Jahrhundert unter preußischer Herrschaft (2 Bde.). Cöln 1915/16
Stadtwerke Frankfurt am Main (Hg.): Willkommen im Verkehrsmuseum: Aus der Vergangenheit in die Gegenwart. Frankfurt am Main 1994
Wilhelm Stölting: 75 Jahre Bremerhavener Strassenbahn. Bremerhaven 1956
Union Elektricitäts Gesellschaft, Berlin: Elektrische Bahnen 1897-1898 [Nachdr.: Von der UEG zur AEG. Stuttgart 1978]
Verein Deutscher Ingenieure: XXXI. Haupt-Versammlung in Köln a/Rhein 1900 (Festschrift). Köln
[Verein Mödlinger Stadtverkehrsmuseum (Hg.)]: 10 Jahre Mödlinger Stadtverkehrsmuseum. [Mödling 1998]
Verhandlungen der Stadtverordneten-Versammlung zu Cöln. Cöln [div. Jahrgänge]
Verwaltungsbericht der Stadt Köln. Köln [div.Jahrgänge]
Gerd Wolff: Deutsche Klein- und Privatbahnen, Teil 3. Gifhorn 1974
Gerd Wolff: Die Privatbahnen in der Bundesrepublik Deutschland. Freiburg 1984
Zur Erinnerung an die Eröffnung der Rheinuferbahn am 11. Januar 1906

Jürgen Hocker

Das Album

Die Hochgeschwindigkeitsfahrten auf der Strecke Marienfelde-Zossen bei Berlin waren zu schnell für die Fototechnik der Jahrhundertwende. [aus einer zeitgenössischen Zeitschrift]

Der Titel ›Album‹ wurde Mitte des neunzehnten Jahrhunderts für eine große Anzahl literarischer und künstlerischer Publikationen verwendet. Die ursprünglich aus Frankreich stammende Mode, Zeichnungen und Gedichte in Buchform zu sammeln, fand schnell auch in Deutschland Verbreitung. Neben Sammlungen von Stichen oder Lithographien kamen Ende des Jahres 1854 erstmals zwei Alben mit Fotografien in den Handel. Im Verlag des Kölner Buch- und Kunsthändlers F.C. Eisen erschienen das ›Photographische Album‹ mit zehn, zwei Monate später das ›Album von Köln‹ mit vierzehn Aufnahmen des gebürtigen Belgiers Johann Franz Michiels. Die auf nicht gebundenen Kartonblättern aufgezogenen Salzpapierabzüge wurden von Eisen auch einzeln angeboten.

Derartige Sammelmappen, die Fotografie als eigenständiges, textlich kaum begleitetes Medium enthielten, blieben eine über Jahrzehnte beliebte Publikationsform.

Auch nach Aufkommen des Lichtdrucks wurden in Publikationen noch relativ lange Originalaufnahmen verwendet. Einer der Gründe dafür liegt in den für kleine Auflagen zu hohen Druckkosten. So war es noch im ersten Jahrzehnt des zwanzigsten Jahrhunderts üblich, daß große Firmen Mappen mit aufgezogenen Fotos als Werbematerial für ihre Vertreter oder als Geschenk für wichtige Kunden herstellen ließen.

Ein solches Geschenk in Form von 31 Fotografien erhielt im März 1903 der für Bahnen zuständige Dezernent der Stadt Köln nach einem Besuch in Berlin. Welche Bilder ›Siemens & Halske‹ sich beehrte, Peter Scheidtweiler zu übersenden, ist nicht überliefert.[1] Es kann sich jedoch nicht um das im Kölnischen Stadtmuseum befindliche Album ›Bahnen der Stadt Cöln a/Rh.‹ handeln.[2]

Auf den Deckel der hellbraunen gepreßten Leinenmappe ist neben dem Titel in Goldschrift ›Siemens & Halske A.G. Berlin‹ auch das Firmenlogo eingeprägt[3]. Inhalt der Flügelmappe sind 32 Gelatinesilber-Abzüge auf grauem Karton mit Goldschnitt. Die unnummerierten Blätter sind nicht beschriftet; ein Titelblatt mit begleitenden Informationen ist nicht vorhanden. Da auch in dem

Blick in die Apostelnstraße. [Siemens-Forum, München]

heute in München ansässigen Siemens-Archiv keine diesbezüglichen Schriftquellen erschlossen sind, soll im Folgenden versucht werden, aus den vorhandenen Bildern selbst Rückschlüsse auf ihre Entstehung zu ziehen.
Ein Bildautor ist nicht bekannt. Die Fotos sind nur mit dem Prägestempel ›Siemens & Halske Akt. Ges. Berlin‹ in der rechten unteren Ecke bezeichnet. Das Fehlen eines sonstigen Urhebervermerks läßt darauf schließen, daß die Abzüge aus einem firmeneigenen Labor stammen. Die Negative wurden entweder von einem angestellten Fotografen angefertigt oder mit allen Rechten angekauft.
Bei den 32 Aufnahmen handelt es sich um eine Auswahl aus dem Bestand Lh 136 des Siemens-Bildarchivs. Unter den dortigen 49 Fotografien finden sich neben Ansichten, die nicht in das Album aufgenommen wurden, auch einige Varianten der in der Mappe enthaltenen Motive.[4] Der Blick in die Apostelnstraße ist gleich dreimal vorhanden. Unterschiedlich ist die Anzahl der abgebildeten Straßenbahnen. Mag die Existenz eines Bildes mit zwei Wagen durchaus seine Berechtigung im Archiv haben, so bleibt der Sinn einer Aufnahme ohne Bahn im dunkeln. Das für die Firmendokumentation eigentlich unbrauchbare Foto ist wohl nur der Vollständigkeit halber archiviert worden – eine Mühe, die sich normalerweise nur der macht, dem das gesamte belichtete Material gehört.
Auch wenn wir die Negative nicht kennen, ist mit Sicherheit davon auszugehen, daß für die Aufnahmen fahrender Straßenbahnen Gelatine-Trockenplatten eingesetzt wurden. Die um die Jahrhundertwende schon seit gut zwanzig Jahren auch in Deutschland industriell hergestellten Platten waren viel lichtempfindlicher als die zuvor üblichen, im nassen Kollodiumverfahren beschichteten Bildträger. Belichtet wurde nur noch ein Zehntel bis Zwanzigstel der für die Kollodiumplatten erforderlichen Zeit.[5] Selbst bei stark bewölktem Himmel waren Momentaufnahmen noch möglich. Durch die gute Haltbarkeit der Trockenplatten entfiel außerdem die Notwendigkeit, an jeden Aufnahmeort eine transportable Dunkelkammer mitzunehmen.[6] So war der Fotograf des Staßenbahnalbums bedeutend mobiler als seine Kollegen der Generation zuvor. Wahrscheinlich stand seine Kamera auf einem Wagen, der meist am Straßenrand, manchmal auch mitten auf der Fahrbahn abgestellt wurde.[7] Er näherte sich damit soweit wie möglich dem, was er auftragsgemäß fotografieren sollte: dem Straßenverkehr.[8]
So zeigt die Fotografie des Bahnhofsplatzes zwei Straßenbahnen, Fußgänger, Droschken, ein Fuhrwerk, einen Radfahrer und außerdem Teile des Bahnhofs und der Nordseite des Doms. Der Blick richtet sich auf den Platz, nicht auf die Architektur, die angrenzenden Bauwerke bilden lediglich den Hintergrund.[9]
Am Rudolfplatz erhebt sich – flankiert von zwei Ringbahnen – ein Mannesmannrohrmast vor der Kulisse des Opernhauses. Das Gebäude wurde abgebildet, weil es sich in der Straßenflucht des Hohenzollernrings befand. Auch

Siemens & Halske Turmwagen auf dem Ring. [KVB]

die Guilleaumesche Villa am Sachsenring ist bloße Staffage für die vorbeifahrende Bahn. Das Zielschild »Nippes« der Linie 9 wird durch den Hinweis »Anschluß auch nach Sechzig« ergänzt – eine Strecke, die es in dieser Form nur bis Mitte 1903 gab. Sprießende Blätter auf den Alleebäumen und das anscheinend recht wechselhafte Wetter deuten auf das hin, was durch zwei abgebildete Plakate zur Gewißheit wird: Die Aufnahmen sind um den Monat April entstanden. Auf einer Litfaßsäule am Hohenzollernring werden internationale Radrennen für Sonntag, den 26. April angekündigt, auf dem Neumarkt wird für zwei Konzerte im Gürzenich am Freitag, den 8. Mai geworben. Da die Kombination von Datum und Wochentag sich nur alle 28 Jahre wiederholt, läßt sich aus den Daten auch das Jahr bestimmen.[10] Der unbekannte Fotograf war 1903 für die Berliner Firma in Köln tätig.

Die 1847 als Telegraphenbauanstalt gegründete Siemens & Halske A.G. hatte sich bis Anfang 1903 zum größten elektrotechnischen Unternehmen Deutschlands entwickelt. Die Firma war maßgeblich an der gerade abgeschlossenen Elektrifizierung des Kölner Straßenbahnnetzes beteiligt. Sie war eine Art Generalunternehmer, montierte die Oberleitungen und stellte einen Teil der Elektromotoren und Stromabnehmer her – Produkte, die für sich allein nicht ganz einfach fotografisch darzustellen sind. Nach Reinhard Matz hat »die Fotografie nur zu solchen Produkten eine Affinität, die ausgeprägte und differenzierbare, visuell nachvollziehbare Gegenstandsmerkmale besitzen.«[11] Diese waren den Leitungsdrähten eindeutig nicht gegeben, zumal sie in der Altstadt wegen des Rosenmontagszuges in sieben Metern Höhe angebracht waren. Da die Motoren unter dem nicht von Siemens & Halske gebauten Wagenkasten verdeckt waren, konnte die »Affinität« nur zu den Stromabnehmern bestehen. Die durch die verschiedenen Leitungshöhen erforderlichen drehbaren Bügel wurden dort fotografiert, wo man die eindrucksvollste Wirkung ihrer bildlichen Erscheinung erwartete,[12] einmal hochgestellt an der Südseite des Neumarkts, einmal in Normal-Position am Niederländer Ufer. Beide Aufnahmen – das unterscheidet sie von den restlichen Bildern des Albums – sind offensichtlich gestellt. Die Triebwagen stehen, Schaffner und Fahrer posieren allzu deutlich für die Kamera.[13]

Die Bilder fahrender Straßenbahnen dagegen zeigen das Produkt der Firma Siemens & Halske – als solches sah man wahrscheinlich die gesamte elektrische Anlage an – im Gebrauch. Sie erbrachten den Beweis seiner Funktionstüchtigkeit. Fotografiert werden sollte der neuausgebaute Betrieb der Kölner Bahnen. Dieser verlief auf den mittelalterlich proportionierten Straßen der Altstadt noch zehn Jahre später nicht ohne Probleme.[14] So mußte der damalige Direktor der Bahnen der Stadt eingestehen: »Störungen des Betriebs verschiedener Art sind nicht zu vermeiden, sie werden begünstigt durch die teilweise sehr engen Straßen, wo die Gleise unmittelbar neben dem Bürgersteig liegen. In derartigen Straßen muß bei Umzügen, Begräbnissen usw. an der betreffen-

Auf den Rudolfplatz folgt nach Norden hin der Hohenzollernring, den viele »palastartige Privathäuser« prägten. Ein Zug, der aus der Altstadt kommt, passiert gerade den Ring in Richtung Aachener Straße. [Siemens-Forum, München]

Der Hohenzollernring nach der Umgestaltung. [RBA]

den Stelle eingleisig gefahren werden, um Fuhrwerken Platz zum Aufstellen zu gewähren.«[15] Rückblickend auf die Betriebsverhältnisse der Pferdebahn führte er aus, »daß ein flotter Betrieb nur mit Mühe durchzuführen war. Die Verhältnisse besserten sich aber in den 90er Jahren, als die Neustadt und die Vororte sich stärker entwickelten und im Inneren der Stadt Straßenerweiterungen vorgenommen wurden.«[16]

Gut die Hälfte der im Album enthaltenen Bilder wurde auf den Ringen oder in der Umgebung des Domes aufgenommen. Das Stadtbild hatte sich dort in den letzten Jahrzehnten des neunzehnten Jahrhunderts gewandelt, durch den Abriß der Stadtmauer und die Domfreilegung war Raum geschaffen worden. Der Fotograf fand hier die für seine Zwecke ideale Mischung aus ungehindertem Verkehrsfluß und repräsentativem Stadtbild.

Die Anlage der Neustadt hatte die städtebaulichen Voraussetzungen für eine neue Dimension des Verkehrs geschaffen. Die Einführung eines sich mit zwanzig Stundenkilometern durch Köln bewegenden Transportmittels war ein weiterer Schritt in Richtung moderne Großstadt. Diese bot im Frühjahr 1903 noch ein recht beschauliches Bild. Bis auf die zahlreichen Bahnen wirken die neuen breiten Straßen nicht sonderlich stark befahren. Die meisten Menschen bewegen sich zu Fuß; nur wenige scheinen sich den Luxus eines Fahrrads leisten zu können. Lasten werden wie eh und je auf Handwagen und Pferdefuhrwerken transportiert. Noch deutet nichts auf die Auswirkungen der wohl bedeutendsten je in Köln gemachten Erfindung hin: 1876 hatte hier Nikolaus August Otto – drei Jahre bevor Werner von Siemens die erste Elektrolokomotive auf der Berliner Gewerbeausstellung zeigte – den nach ihm benannten Viertakt-Verbrennungsmotor entwickelt.

Die Verhältnisse werden sich in den Jahren nach dem Ersten Weltkrieg ändern: »Im Regierungsbezirk Köln waren 1914 2.308 Personen- und 358 Lastwagen, im Jahre 1924 dagegen 5.380 Personen- und 3.925 Lastwagen zugelassen. Es laufen heute in den Straßen unserer Stadt täglich etwa 17.000 Personen- und Lastautomobile.«[17] 1927 hat Köln nach Berlin den zweithöchsten Kfz-Bestand Deutschlands: ein Kraftfahrzeug kam auf sechzig Einwohner.

TEMPO TEMPO TEMPO ist das Motto der Zeit. Laszlo Moholy-Nagy skizziert in seinem Typofoto ›Dynamik der Großstadt‹ ein Bild des Verkehrs: »Die Fahrzeuge: elektrische Straßenbahn, Autos, Lastwagen, Fahrräder, Droschken, Autobus, Cyclonette, Motorräder fahren in raschem Tempo vom Mittelpunkt auswärts, dann plötzlich alle umgekehrt; in der Mitte treffen sie sich.«[18] 1924 werden die Straßenbahngleise auf dem Hansaring aus der Fahrbahn in den wohl mittlerweile überflüssig gewordenen Reitweg verlegt. Auch die Alleebäume am Hohenzollern-, Habsburger- und Hohenstaufenring müssen in den folgenden Jahren zugunsten eines ungehinderten Verkehrsflußes weichen.[19] Und eine bis heute folgenreiche Neuerung hält Einzug: In der Stadt werden die ersten Verkehrsampeln aufgestellt.

Anmerkungen

1. Der begleitende Brief von ›Siemens & Halske‹ befindet sich im Bestand 715/343 des Historischen Archivs der Stadt Köln.
2. Welchen Weg das Album von Berlin zu der Kölner Stifterin, einem Frl. Lüttgen aus Lindenthal, genommen hat, ist nicht nachvollziehbar. Die Schenkung wurde am 21.3.1939 unter RM 1939/888 inventarisiert.
3. Zu der zwischen 1860 und 1900 üblichen Ausstattung solcher Mappen siehe Frank Heidtmann: Wie das Photo ins Buch kam. Berlin 1984, S. 218.
4. Von der Ansicht der Westseite des Domes ist im Album eine Variante mit nur einer Bahn erhalten. Zwei Blicke über den Barbarossaplatz nach Südwesten fanden dagegen unabhängig von der Menge der abgebildeten Straßenbahnen keine Aufnahme in das Album.
5. Siehe Helmut Gernsheim: Geschichte der Photographie. Frankfurt, Berlin, Wien 1983, S.402.
6. Kollodiumplatten wurden kurz vor der Aufnahme von den Fotografen selbst gegossen und in einem Silbernitratbad sensibilisiert. Sie mußten in noch feuchtem Zustand belichtet und anschließend sofort entwickelt werden.
7. Die gewünschte Perspektive des Kaiser-Wilhelm-Rings ergab sich vom Bürgersteig aus. Wie auf fast allen anderen Bildern hat der Fotograf auch hier einen leicht erhöhten Standpunkt eingenommen. Wahrscheinlich stand der Wagen hier auf dem Gehweg.
8. Die Nord-, Nordwest- und Westansicht des Domes sowie der Blick in die Breite Straße mußten von einem hohen Kamerastandpunkt auf oder aus einem Gebäude aufgenommen werden.
9. Nur dem Dom als Kölner Wahrzeichen widerfuhr die Beachtung, zweimal bildfüllend abgebildet zu werden. Neben den nach architekturfotografischen Regeln auch nicht ganz einwandfreien Nord- und Westansichten finden sich acht kleinere ›Teilansichten‹.
10. Siehe Grotefend: Taschenbuch der Zeitrechnung, Zehnte Aufl. Hannover 1960, S.131, S.134 f.
11. Reinhard Matz: Industriefotografie. Essen 1987, S.82.
12. Siehe Reinhard Matz: a.a.O., S.82.
13. Das Siemens-Bildarchiv hält für den technisch Interessierten noch zwei ähnliche Aufnahmen am Niederländer Ufer, eine weitere am Neumarkt sowie zwei Großaufnahmen von Stromabnehmern bereit.
14. Die Abbildung enger Straßen konnte nur bedingt im Interesse des Auftraggebers liegen. Nur der bezeichnenderweise von oben fotografierte Blick in die Breite Straße gelangte ins Album, während die vorhandene Ansicht von Unter Taschen macher wohl aus gutem Grund nicht aufgenommen wurde.
15. Otto Kayser: Die Bahnen der Stadt Cöln. Berlin 1913, S.86.
16. Otto Kayser: a.a.O., S.3.
17. Rudolf Eggermann: Entwicklung und Bedeutung des Verkehrs in Köln. In Hermann Wieger (Hg.): Handbuch von Köln, Köln 1925, S.496.
18. Dynamik der Großstadt, Skizze zu einem Filmmanuskript. In: Laszlo Moholy-Nagy: Malerei, Fotografie, Film, 2. Aufl. München 1927, S.126.
19. Die Gleise wurden von der Fahrbahn in die Mitte der Straße gelegt, daneben beiderseits eine neue Fahrspur angelegt. Dafür mußte auf dem Hohenzollernring die Allee, auf Habsburger- und Hohenstaufenring die Mittelallee entfernt werden.

Im »Tarif für Personenbeförderung« der Bahnen der Stadt Cöln von 1913 wurde dieser schematisierte Teilstreckenplan (rechte Seite) veröffentlicht. Wie andere historische Kölner Stadtpläne ist auch diese Karte gewestet, d.h. Norden ist rechts. Hier erscheinen nicht die Strecken, die nur von den Vorortbahnen, den Cöln-Bonner Kreisbahnen und den Mülheimer Kleinbahnen bedient wurden.

Zur Orientierung die wichtigsten Teilstrecken im Innenstadtbereich:

Nr. 5-6:	Ubierring-Bayenstr.-Frankenwerft-Dom
Nr. 7-8:	Dom-Kaiser-Friedrich-Ufer
Nr. 12-13:	Bayenstr.-Rosenstr.-Martinsfeld-Poststr.-Neumarkt
Nr. 14:	Neumarkt-Richmodstr.-Gereonstr.
Nr. 16:	Klingelpütz-Ritterstr.
Nr. 17:	Deutscher Ring-Kaiser-Friedrich-Ufer
Nr. 21-23:	Chlodwigplatz-Severinstr.-Waidmarkt
Nr. 24:	Dom-Unter Taschenmacher (in Gegenrichtung: Bechergasse)-Alter Markt-Heumarkt-Mühlenbach
Nr. 25:	Dom-Eigelstein-Deutscher Ring
Nr. 30-34:	Ringbahn Ubierring-Deutscher Ring
Nr. 40:	Am Weidenbach-Am Duffesbach
Nr. 42:	Rothgerberbach-Mauritiussteinweg-Neumarkt
Nr. 43:	Neumarkt-Glockengasse (Breite Str.)-Dom
Nr. 48:	Blaubach-Rothgerberbach-Weyerstr.-Barbarossaplatz
Nr. 50:	Dom-Unter Sachsenhausen-Gereonstr.-Kaiser-Wilhelm-Ring
Nr. 54:	Jahnstr.-Mauritiussteinweg-Neumarkt
Nr. 57:	Rudolfplatz-Hahnenstr. (Mittelstr.)-Neumarkt
Nr. 64:	Neumarkt-Ehrenstr.-Hohenzollernring/ Limburger Str.
Nr. 65:	Neumarkt-Cäcilienstr.-Kämmergasse-Blaubach (Agrippastr.-Hohe Pforte)-Waidmarkt
Nr. 67:	Friesenplatz-Friesenstr.-Burgmauer (Zeughausstr.-Komödienstr.)-Dom
Nr. 70:	Dom-Brücke-Deutz
Nr. 79:	Dom-Eigelstein-Weidengasse

III. Anhang.

1. Plan der Teilstrecken der Städtischen Straßenbahnen.

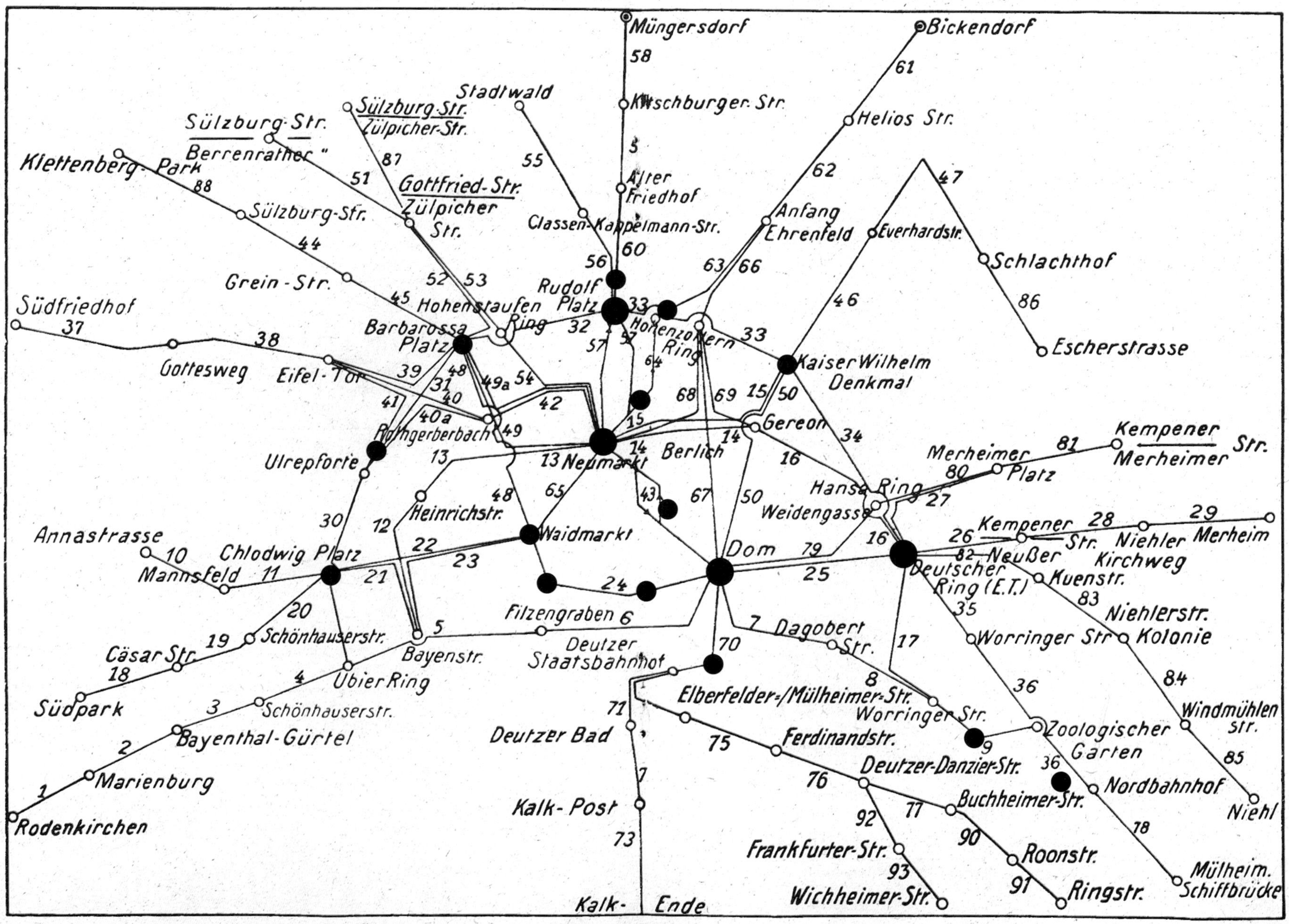

Motive aus dem Siemens-Album des Kölnischen Stadtmuseums

Zeittafel

»Mit der Elektrischen durch Cöln«

1877	Beginn des Pferdebahnbetriebs
1893/94	Kleinbahn Köln - Frechen – Benzelrath (später KFBE)
1897/98	Vorgebirgsbahn von Bonn nach Köln
1900	Die Stadt Köln übernimmt den Betrieb der Straßenbahn. Bis 1909 verdreifacht sich die Fahrgastzahl auf jährlich etwa 90 Mio.
1901	Die erste Elektrische
1904	Inbetriebnahme der ersten Vorortbahnstrecke
1906	Eröffnung der Gesamtstrecke der elektrischen Rheinuferbahn der »Cöln-Bonner Kreisbahnen« (später KBE)
1932	Inbetriebnahme einer Ost-West-Verbindung durch die Altstadt (Heumarkt-Neumarkt) im Durchbruch Blindgasse
1933	Übernahme der Mülheimer Kleinbahnen
1945	Nach schwersten Kriegszerstörungen kommt der Straßenbahnbetrieb zeitweise völlig zum Erliegen.
1950	»Kölner Verkehrsbetriebe« (ab 1960 KVB AG)
1950-1959	O-Busbetrieb
1968	Erster U-Bahnabschnitt (Friesenplatz-Dom/Hbf.)
1973	Erster Stadtbahnwagen (»Prototyp B«)
1986	Mit der vollständigen Umstellung der Vorgebirgsbahn auf Stadtbahnbetrieb endet der Personenverkehr mit den Eisenbahntriebwagen der KBE.
1992	»Häfen und Güterverkehr Köln AG« (HGK) als Nachfolgerin von KBE, KFBE und Häfen Köln im Güterverkehr
1994	Linienmäßige Abtrennung des Ost-West-Netzes im Hinblick auf den Einsatz von Niederflurzügen (ab 1995)
1997	Straßenbahn-Museum im ehem. Betriebshof Thielenbruch